职业教育智能制造领域高素质技术技能人才培养系列教材

S7-1200 PLC
应用技术项目化教程

任务工单

机械工业出版社

目　录

PLC 认知　任务工单

班级 ＿＿＿＿＿＿　姓名 ＿＿＿＿＿＿　实训台号 ＿＿＿＿＿＿　操作时间 ＿＿＿＿＿分钟

任务目标

知识目标	1. 了解 PLC 的定义、特点和发展历程； 2. 理解 PLC 的工作原理； 3. 掌握 PLC 的基本结构。
能力目标	1. 在理解 PLC 工作原理的基础上，描述 PLC 控制系统的组成； 2. 根据系统点数进行基本模块配置。
素质目标	1. 培养系统工程意识； 2. 培养质量意识； 3. 培养成本核算意识； 4. 培养文档整理能力，提升专业英语学习能力。

一、任务描述

　　某一汽车生产车间需要使用一套新的 PLC 控制系统，该系统共有 45 个控制点。请根据任务要求配置 PLC 硬件系统（包括选择品牌、型号等，假设你选择的 PLC 的 CPU 有 16 个点）。

　　作为一名工程师，在进行系统设计前一定要具备质量管控意识、成本核算意识。

二、系统设计

　　本任务的重点是：理解 PLC 工作原理；难点是：理解控制系统的组成。为了保障系统设计顺利完成，请正确回答以下选择题并真正理解图 1-1。

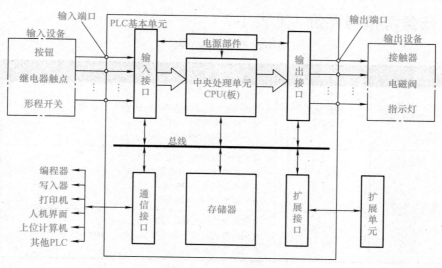

图 1-1　PLC 结构框图

PLC 应用系统设计的原则有（　　）。

A. 最小限度地满足被控设备或生产过程的控制要求

B. 在满足控制要求的前提下，要求简单、经济

C. 保证控制系统工作安全可靠

D. 不应留有进一步扩展的余地

在此基础上，进行系统硬件选型，填写硬件清单（见表1-1）。说明：方案不唯一。

表1-1 硬件清单

序号	设 备 名 称（品牌）	型号	数量	备注（功能）
1				
2				
3				
4				
5				
6				
7				
8				

三、任务实施过程中的收获与体会

记录下本任务的收获，为后续任务的顺利实施奠定良好基础。希望在此留下你对课程内容和教师团队的意见和建议。

四、学期计划

新学期，新期待。快制订一份课程学习计划吧。

五、任务考核与评价（见表1-2）

表1-2 任务考核与评价表

序号	考核项	考核点	评分标准	得分
1	系统硬件配置	硬件选型（40分）	包含所有点数：+10分 正确描述PLC结构框图：+10分 有扩展模块概念：+10分 能正确分析系统组成：+10分	
2	素养与创新	职业素养（40分）	有节约成本意识：+10分 能准确描述CPU在系统中的作用：+10分 工单书写规范：+10分 环境整理到位：+10分	
3		创新意识（20分）	有创新设计并实现：+20分 有创新想法并勇于尝试但未成功：+10分 有创新想法并描述清楚：+5分	

S7-1200 PLC 硬件认识　任务工单

班级 _____　姓名 _____　实训台号 _____　操作时间 _____ 分钟

▰▰▰ 任务目标

知识目标	1. 了解 S7-1200 PLC 各硬件模块功能； 2. 理解各模块在系统中的作用； 3. 理解各模块命名规律。
能力目标	1. 能正确拆装常用硬件模块； 2. 能正确说出 CPU 模块各参数含义； 3. 能正确绘制通信模块、CPU 和信号模块的安装位置关系图。
素质目标	1. 培养严谨求实的职业态度； 2. 提高信息搜集能力； 3. 提高文档整理能力，提升专业英语学习能力。

一、任务描述

新冠肺炎疫情期间，口罩成了我们日常生活的必需品。为了扩大生产，某工厂的口罩生产线需要改进自动控制系统（生产现场见图 1-2，点数由 382 增加至 678），由西门子 S7-200 控制器升级为 S7-1200 控制器（见图 1-3），并与其他设备进行通信。

图 1-2　口罩生产现场

图 1-3　CPU 外形

思考：为何要将西门子 S7-200 控制器升级为 S7-1200 控制器？

二、系统设计

本任务的重点是：通过扩展信号模块实现控制系统点数的增加；难点是：控制系统如何与其他设备实现通信。为了保障任务顺利完成，请回答以下问题（见表 1-3）。

表 1-3　硬件认识问题列表

1	问	S7-1200 中除了 CPU 模块和通信模块外，一个机架上最多只能再安装（　）个信号模块或功能模块。
	答	A.6　　　B.7　　　C.8　　　D.9
2	问	S7-1200 CPU 模块的安装槽号是（　）。
	答	A.1　　　B.2　　　C.3　　　D.4
3	问	属于 SIMATIC S7-1200 系列 PLC 的硬件主要组成部分的是（　）。
	答	A.CPU 模块　　B. 通信模块（CM）　　C. 程序模块（PM）　　D. 信号模块（SM）

在图 1-3 中标注 CPU 对应参数。在此基础上，进行以下系统升级。

1. 硬件选型（见表 1-4）

表 1-4 设备清单

序号	设 备 名 称	型号	数量	备注（功能）	序号	设 备 名 称	型号	数量	备注（功能）
1					4				
2					5				
3					6				

2. 系统硬件安装位置图绘制（见图 1-4）

	审核	
图样名称	设计	
	制图	
	时间	

图 1-4 系统硬件安装位置图

三、任务实施过程中的收获与体会

四、任务考核与评价（见表 1-5）

表 1-5 任务考核与评价表

序号	考核项	考核点	评分标准	得分
1	系统设计	硬件选型（30分）	包含所有输入/输出设备：+15 分 正确描述各设备名称及功能：+9 分 有节约成本意识：+6 分	
2		位置图绘制（30分）	依据规范绘制硬件安装图：每项 +5 分，最多 15 分 正确说明各种模块的含义：+15 分	
3	素养与创新	职业素养（30分）	关注实际工程客观问题，提出质疑：+10 分 展示中能准确描述各模块在系统中的作用：+10 分 工单书写规范：+5 分 环境整理到位：+5 分	
4		创新意识（10分）	有创新设计并实现：+10 分 有创新想法并勇于尝试但未成功：+6 分 有创新想法并描述清楚：+3 分	

TIA Portal 软件初识　任务工单

班级 _____　姓名 _____　实训台号 _____　操作时间 _____ 分钟

任务目标

知识目标	1. 理解 TIA Portal 软件与 PLC 硬件的关系； 2. 掌握 TIA Portal 软件在控制系统中的作用； 3. 掌握 TIA Portal 软件安装 / 卸载步骤及注意事项。
能力目标	1. 能正确选择 TIA Portal 软件安装组件； 2. 能正确描述 TIA Portal 软件两种视图特点； 3. 能根据要求进行简单项目创建及各参数设置。
素质目标	1. 利用工欲善其事，必先利其器的思想，培养探索意识； 2. 培养自主学习能力； 3. 提高文档撰写能力，提升专业英语学习能力。

一、任务描述

在项目视图下，创建一个新项目。TIA Portal 软件启动界面如图 1-5 所示。

建议尝试完成任意程序输入。

要求："项目名称"为学习者班级 / 单位 / 自定，"路径"默认，"作者"为个人姓名，"注释"描述你对博途软件的理解。

图 1-5　TIA Portal 软件启动界面

二、系统设计

本任务的重点是：了解 Portal 软件的基本应用；难点是：理解 Portal 软件在控制系统中的作用。为了保障任务顺利完成，请先回答如下问题（见表 1-6）。

表 1-6　项目创建问题列表

1	问	Portal 软件安装完成后，生成多个图标。创建项目需要用哪个图标？
	答	
2	问	控制系统程序包含哪两种程序？
	答	
3	问	在 Portal 软件中，用户程序在哪里存储和运行？
	答	

在此基础上，写出创建项目各步骤及内容。

1. 创建项目步骤（见表 1-7）

表 1-7 创建项目步骤

步骤	操作 / 选择	备注（功能）	步骤	操作 / 选择	备注（功能）
1			5		
2			6		
3			7		
4			8		

2. 程序输入

程序清单	注释

三、记录创建过程中出现的问题及解决方法（见表 1-8）

表 1-8 故障记录排查表

序号	错误现象	分析过程	处理方法	确认签字
1				
2				

四、任务实施过程中的收获与体会

五、任务考核与评价（见表 1-9）

表 1-9 任务考核与评价表

序号	考核项	考核点	评分标准	得分
1	项目创建	创建步骤（50分）	正确操作每个步骤：每个步骤 +5 分，最高 +40 分 能正确理解每个步骤的含义：每个步骤 +2 分，最高 +10 分	
2		程序输入（20分）	尝试进行硬件组态：+10 分 硬件组态正确：+5 分 程序输入正确：+5 分	
3	素养与创新	职业素养（20分）	操作中能准确描述各步骤在项目中的作用：+10 分 工单书写规范：+5 分 环境整理到位：+5 分	
4		创新意识（10分）	有创新设计并实现：+10 分 有创新想法并勇于尝试但未成功：+6 分 有创新想法并描述清楚：+3 分	

单台电动机起停控制系统设计与调试　任务工单

班级 _____　姓名 _____　实训台号 _____　操作时间 _____ 分钟

任务目标

知识目标	1. 掌握常用位逻辑运算指令含义； 2. 理解指示灯亮灭控制逻辑； 3. 理解 Portal 组态、仿真软件与实际指示灯控制三者之间的关系。
能力目标	1. 能按要求完成各任务实施步骤； 2. 能读懂简单的逻辑运算程序； 3. 能识读简单图样，并进行简单硬件接线； 4. 在文件引导下，能进行简单系统调试。
素质目标	1. 培养工程意识； 2. 按规操作，培养规范意识； 3. 提高文档撰写能力，提升专业英语学习能力。

一、任务描述

用 S7-1200 PLC 实现三相异步电动机的直接起动控制，即按下起动按钮 SB2，电动机 M 起动运转，按下停止按钮 SB1，电动机 M 停止运转，如图 2-1 所示。

完成以上控制要求的电动机起停控制系统设计与调试。

二、系统设计

本任务的重点是：在 Portal 软件中建立完整项目，理解电动机控制过程；难点是：系统硬件接线，并完成系统调试。为了保障系统设计顺利完成，请完善项目组态步骤（见表 2-1）。

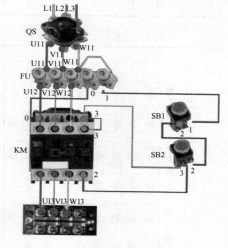

图 2-1　单台电动机起停控制示意图

表 2-1　项目组态步骤

序号	步骤名称	具体操作（功能）
1	创建项目	
2	组态设备	
3	硬件组态	
4	新建变量表	
5	设计程序	
6	组态下载	
7	仿真调试	

在此基础上，进行以下系统设计。

1. 硬件选型（见表 2-2）

表 2-2　设备清单

序号	设备名称	型号	数量	备注（功能）
1				
2				
3				
4				
5				
6				

2. I/O 分配（见表 2-3）

表 2-3　I/O 分配表

形式	序　号	名　　称	PLC 地址	备注
输入	1			
	2			
输出	1			

3. 系统接线图绘制（补充完整图 2-2）

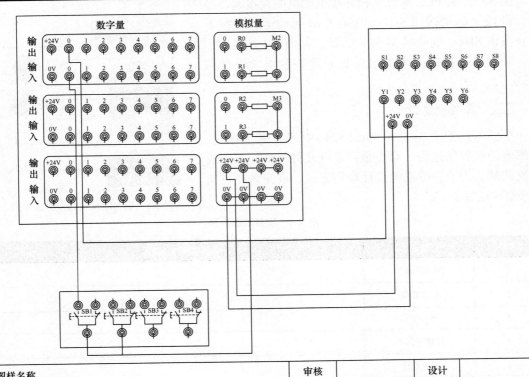

图 2-2　单台电动机起停控制系统接线图

4. 程序设计

程序清单	注释	程序清单	注释

三、系统调试（见表 2-4）

表 2-4　程序调试表

当前状态	操作	预测结果	通过	失败	确认签字（执行人）
博途运行正常	硬件组态	无错误报告	☐	☐	
硬件组态完成	编译组态	无错误报告	☐	☐	
程序块正常	设计程序	无错误报告	☐	☐	
程序设计完成	编译程序	无错误报告	☐	☐	
项目编译成功	下载项目	出现下载窗口，数据下载正常	☐	☐	
CPU 运行正常	在线监控	无通信错误，能正常读取输入 / 输出点状态	☐	☐	
程序监控正常	按照工作过程给出输入条件	依照程序的逻辑分析输出信号正常	☐	☐	
程序输出正确	按控制要求观察	电动机起停运行正常	☐	☐	

四、调试完成，等待确认（见表 2-5）

表 2-5　调试确认表

检查次数	成功	失败	确认签字（派单人）
1	☐	☐	
2	☐	☐	
3	☐	☐	
4	☐	☐	

五、记录调试过程中出现的问题及解决方法（见表 2-6）

表 2-6　故障记录排查表

序号	故障现象	分析过程	故障处理	确认签字
1				
2				

六、任务实施过程中的收获与体会

七、任务考核与评价（见表 2-7）

表 2-7 任务考核与评价表

序号	考核项	考核点	评分标准	得分
1	系统设计	硬件选型 （10 分）	包含所有输入/输出设备：+5 分 正确描述各设备名称及功能：+3 分 有节约成本意识：+2 分	
2		I/O 设置 （10 分）	与"硬件选型"中的设备相一致：+2 分 与实际硬件相对应：+2 分 I/O 点不重复，有节约点数意识：+3 分 正确表述各 I/O 点：+3 分	
3		接线图绘制 （10 分）	依据规范正确标注导线颜色：+2 分 正确解释各种导线颜色的含义：+2 分 补充完整接线图：+6 分	
4		硬件接线 （10 分）	正确识读接线图：+2 分 正确选择导线颜色：+2 分 依图正确连接导线：+6 分	
5		程序设计 （20 分）	正确使用变量表：+5 分 正确选择基本逻辑指令：+5 分 正确输入程序：+5 分 编译无误：+5 分	
6	系统调试	博途组态 （10 分）	与实际硬件一致：+2 分 硬件组态下载无误：+3 分 软件组态下载无误：+2 分 无误或能根据错误信息排除组态故障：+3 分	
7		系统调试 （15 分）	按照流程使用实验台，确保安全：+2 分 正确操作博途软件，应用调试功能：+4 分 按要求正确给出输入信号：+3 分 电动机起动正常：+3 分 电动机停止正常：+3 分	
8	素养与创新	职业素养 （10 分）	接线依照（企业）标准规定颜色：+1 分 根据故障现象，能理解故障原因，尝试排除故障：+3 分 调试中能准确描述电动机起停与程序的逻辑关系：+3 分 工单书写规范：+2 分 设备整理到位：+1 分	
9		创新意识 （5 分）	有创新设计并实现：+5 分 有创新想法并勇于尝试但未成功：+3 分 有创新想法并描述清楚：+2 分	

两台电动机顺序起动控制系统设计与调试　任务工单

班级 _____　姓名 _____　实训台号 _____　操作时间 _____ 分钟

任务目标

知识目标	1. 理解常见数据寻址方式； 2. 理解程序设计逻辑关系； 3. 掌握系统调试步骤。
能力目标	1. 能按要求完成各任务实施步骤； 2. 能设计简单的逻辑运算程序； 3. 能识读简单图样，并进行硬件接线； 4. 在文件引导下，能进行系统调试。
素质目标	1. 培养工程意识； 2. 建立程序设计逻辑思维； 3. 提高文档撰写能力、提升专业英语学习能力。

一、任务描述

用 S7-1200 PLC 实现两台电动机顺序起动控制（电路见图 2-3），即按下起动按钮 SB1，电动机 M1 运转，按下停止按钮 SB2，M1 停止运转；在 M1 运行后，按下起动按钮 SB3，电动机 M2 运转，如果 M1 未起动，按下 SB3 无效，按下停止按钮 SB4，M2 停止运转。

完成以上控制要求的两台电动机顺序起动控制系统设计与调试。

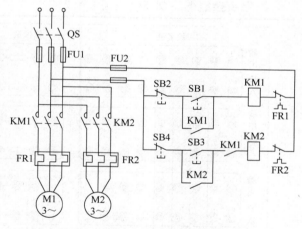

图 2-3　两台电动机顺序起动控制电路

二、系统设计

本任务的重点是：在 Portal 软件中建立完整项目，理解电动机联锁控制原理；难点是：系统程序设计，并完成系统调试。为了保障系统设计顺利完成，请回答以下问题（见表 2-8）。

表 2-8　两台电动机顺序起动控制问题列表

1	问	电动机起停继电器控制电路图与 PLC 程序有哪些异同？
	答	
2	问	M1 和 M2 两台电动机单独起停控制方式是否相同？
	答	
3	问	如何实现 M1 不起动，M2 的起动按钮无效？
	答	

在此基础上，进行以下系统设计。

11

1. 硬件选型（见表 2-9 ）

表 2-9　设备清单

序号	设备名称	型号	数量	备注（功能）	序号	设备名称	型号	数量	备注（功能）
1					4				
2					5				
3									

2. I/O 分配（见表 2-10 ）

表 2-10　I/O 分配表

形　式	序　号	名　称	PLC 地址	备注
输入	1			
	2			
	3			
	4			
输出	1			
	2			

3. 系统接线图绘制（补充完整图 2-4 ）

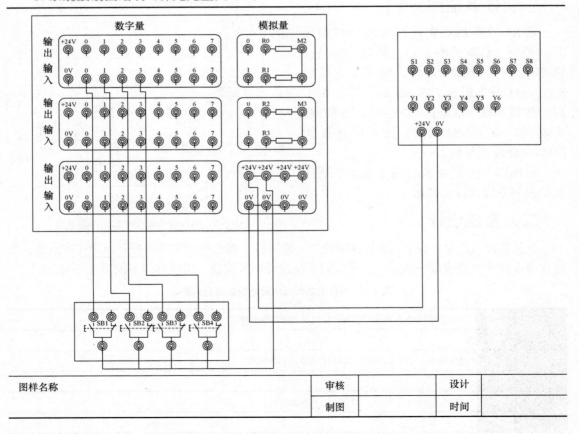

图 2-4　两台电动机顺序起动控制系统接线图

4. 程序设计

程序清单	注释

三、系统调试（见表 2-11）

表 2-11 程序调试表

当前状态	操作	预测结果	通过	失败	确认签字（执行人）
博途运行正常	硬件组态	无错误报告	☐	☐	
硬件组态完成	编译组态	无错误报告	☐	☐	
程序块正常	设计程序	无错误报告	☐	☐	
程序设计完成	编译程序	无错误报告	☐	☐	
项目编译成功	下载项目	出现下载窗口，数据下载正常	☐	☐	
CPU 运行正常	在线监控	无通信错误，能正常读取输入/输出点状态	☐	☐	
程序监控正常	按照工作过程给出输入条件	依照程序的逻辑分析输出信号正常	☐	☐	
程序输出正确	按控制要求观察	电动机顺序起动控制运行正常	☐	☐	

四、调试完成，等待确认（见表 2-12）

表 2-12 调试确认表

检查次数	成功	失败	确认签字（派单人）	检查次数	成功	失败	确认签字（派单人）
1	☐	☐		3	☐	☐	
2	☐	☐		4	☐	☐	

五、记录调试过程中出现的问题及解决方法（见表 2-13）

表 2-13 故障记录排查表

序号	故障现象	分析过程	故障处理	确认签字
1				
2				

六、任务实施过程中的收获与体会

七、任务考核与评价（见表 2-14）

表 2-14 任务考核与评价表

序号	考核项	考核点	评分标准	得分
1	系统设计	硬件选型 （10分）	包含所有输入/输出设备：+5分 正确描述各设备名称及功能：+3分 有节约成本意识：+2分	
2		I/O设置 （10分）	与"硬件选型"中的设备相一致：+2分 与实际硬件相对应：+2分 I/O点不重复，有节约点数意识：+3分 正确表述各I/O点：+3分	
3		接线图绘制 （10分）	依据规范正确标注导线颜色：+2分 正确解释各种导线颜色的含义：+2分 正确绘制导线：每根+3分，最高+6分	
4		硬件接线 （10分）	正确识读接线图：+2分 正确选择导线颜色：+2分 依图正确连接导线：+6分	
5		程序设计 （20分）	正确使用变量表：+5分 正确选择基本逻辑指令：+5分 正确设计程序：+5分 编译无误：+5分	
6	系统调试	博途组态 （10分）	与实际硬件一致：+2分 硬件组态下载无误：+3分 软件组态下载无误：+2分 无误或能根据错误信息排除组态故障：+3分	
7		系统调试 （15分）	按照流程使用实验台，确保安全：+2分 正确操作博途软件，应用调试功能：+4分 按要求正确给出输入信号：+3分 电动机M1起动正常：+2分 电动机M2起动正常：+2分 电动机停止正常：+2分	
8	素养与创新	职业素养 （10分）	接线依照（企业）标准规定颜色：+1分 根据故障现象，能理解故障原因，尝试排除故障：+3分 调试中能准确描述两台电动机起停的逻辑关系：+3分 工单书写规范：+2分 设备整理到位：+1分	
9		创新意识 （5分）	有创新设计并实现：+5分 有创新想法并勇于尝试但未成功：+3分 有创新想法并描述清楚：+2分	

交通信号灯双向控制系统设计与调试　任务工单

班级 _____　姓名 _____　实训台号 _____　操作时间 _____ 分钟

▰▰▰▰ 任务目标

知识目标	1. 理解定时器指令运行原理，能根据需求正确选择定时器种类，分析时序特点； 2. 理解交通灯信号灯控制系统运行规律。
能力目标	1. 能在程序的不同对象里调用定时器并进行参数设置； 2. 能利用接通延时定时器，完成交通灯双向控制系统程序的设计与调试； 3. 能根据调试现象排除接线故障。
素质目标	1. 养成守时遵规的良好习惯； 2. 夯实安全第一意识； 3. 提高文档整理能力。

一、任务描述

某十字路口交通信号灯系统控制要求：

1）按下起动按钮，十字路口交通灯按图 3-1 所示规律周而复始地循环运行。

2）按下停止按钮，所有交通信号灯熄灭。

完成以上控制要求的交通信号灯双向控制系统设计与调试。

说明：图 3-1 中各交通信号灯运行时间可自行设计，但必须遵循交通信号灯运行规律，确保交通安全。

东西 ▰▰▰▰

南北 ▰▰▰▰

图 3-1　交通信号灯工作过程示意图

二、系统设计

本任务的重点是：正确选择和使用 TON 指令，理解交通信号灯双向运行规律；难点是：设计双向各交通信号灯在同一周期内的运行时间，完成系统调试。为了保障系统设计顺利完成，请遵照教材中提到的"在交通信号灯系统设计中需要关注"内容进行双向交通信号灯运行时间设计（见表 3-1）。

表 3-1　交通信号灯运行时间设计

南北	信号	绿灯	黄灯	红灯		
	时间					
东西	信号	红灯		绿灯	黄灯	红灯
	时间					

在此基础上，进行以下系统设计。

1.硬件选型（见表 3-2）

表 3-2　设备清单

序号	设备名称	型号	数量	备注（功能）
1				
2				
3				
4				
5				
6				
7				

2.I/O 分配（见表 3-3）

表 3-3　I/O 分配表

形　式	序　号	名　称	PLC 地址	备注（南北 / 东西 / 运行时间）
输入	1			
	2			
输出	1			
	2			
	3			
	4			
	5			
	6			

3.系统接线图绘制（补充完整图 3-2）

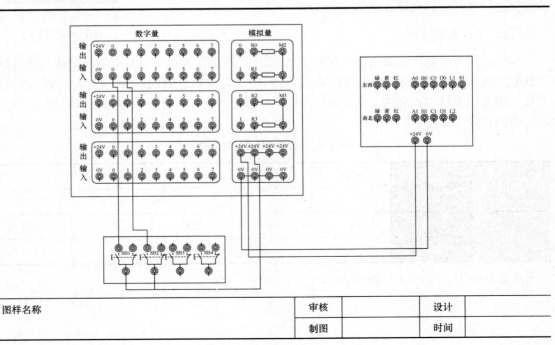

图样名称		审核		设计	
		制图		时间	

图 3-2　交通信号灯双向控制系统接线图

4. 程序设计

程序清单	注释

三、系统调试（见表3-4）

表3-4　程序调试表

当前状态	操作	预测结果	通过	失败	确认签字（执行人）
博途运行正常	硬件组态	无错误报告	☐	☐	
硬件组态完成	编译组态	无错误报告	☐	☐	
程序块正常	设计程序	无错误报告	☐	☐	
程序设计完成	编译程序	无错误报告	☐	☐	
项目编译成功	下载项目	出现下载窗口，数据下载正常	☐	☐	
CPU运行正常	在线监控	无通信错误，能正常读取输入/输出点状态	☐	☐	
程序监控正常	按照工作过程给出输入条件	依照程序的逻辑分析输出信号正常	☐	☐	
程序输出正确	按控制要求观察	交通信号灯运行正常	☐	☐	

四、调试完成，等待确认（见表3-5）

表3-5　调试确认表

检查次数	成功	失败	确认签字（派单人）	检查次数	成功	失败	确认签字（派单人）
1	☐	☐		3	☐	☐	
2	☐	☐		4	☐	☐	

五、记录调试过程中出现的问题及解决方法（见表3-6）

表3-6　故障记录排查表

序号	故障现象	分析过程	故障处理	确认签字
1				
2				

六、任务实施过程中的收获与体会

七、任务考核与评价（见表3-7）

表3-7 任务考核与评价表

序号	考核项	考核点	评分标准	得分
1		硬件选型 （10分）	包含所有输入/输出设备：+5分 正确描述各设备名称及功能：+3分 有节约成本意识：+2分	
2		I/O设置 （10分）	与"硬件选型"中的设备相一致：+2分 与实际硬件相对应：+2分 I/O点不重复，有节约点数意识：+3分 正确表述各I/O点：+3分	
3	系统设计	接线图绘制 （10分）	依据规范正确标注导线颜色：+2分 正确解释各种导线颜色的含义：+2分 正确绘制导线：每根+1分，最高+6分	
4		硬件接线 （10分）	正确识读接线图：+2分 正确选择导线颜色：+2分 依图正确连接导线：+6分	
5		程序设计 （20分）	正确使用变量表：+5分 TON定时器选择正确：+2分 定时器参数设置正确：+3分 双线圈处理无误：+5分 编译无误：+5分	
6		博途组态 （10分）	与实际硬件一致：+2分 硬件组态下载无误：+3分 软件组态下载无误：+2分 无误或能根据错误信息排除组态故障：+3分	
7	系统调试	系统调试 （15分）	按照流程使用实验台，确保安全：+2分 正确操作博途软件，应用调试功能：+2分 按要求正确给出输入信号：+3分 南北方向交通信号灯按设计时间运行：+3分 东西方向交通信号灯按设计时间运行：+3分 双向交通信号灯完好配合运行：+2分	
8	素养与创新	职业素养 （10分）	接线依照（企业）标准规定颜色：+1分 能正确使用工具检测、排除故障：+3分 调试中能准确描述交通规则在任务中的具体体现：+3分 工单书写规范：+2分 设备整理到位：+1分	
9		创新意识 （5分）	有创新设计并实现：+5分 有创新想法并勇于尝试但未成功：+3分 有创新想法并描述清楚：+2分	

交通信号灯手/自动控制系统设计与调试　任务工单

班级 _____　姓名 _____　实训台号 _____　操作时间 _____ 分钟

▰▰▰▰ **任务目标**

知识目标	1. 理解置位/复位优先触发器指令运行原理； 2. 理解交通灯信号灯手/自动控制系统存在的现实意义。
能力目标	1. 能根据需要选择并应用置位/复位指令； 2. 能利用置位/复位优先触发器指令，完成交通信号灯手/自动控制系统程序的设计与调试； 3. 能根据调试现象排除程序故障。
素质目标	1. 利用"条条大路通罗马"思想，培养创新意识； 2. 夯实安全第一意识； 3. 提高文档整理能力。

一、任务描述

某十字路口交通信号灯系统（见图 3-3）在实现任务 1 的功能要求上，增加如下功能需求：

1）增加一个南北方向强制通行按钮，当按下此按钮时，南北方向变成绿灯，东西方向强制变成红灯；

2）南北方向绿灯亮 10s 后，红绿灯恢复正常，重新计时循环。

同理，东西方向也增加强制通行按钮，工作过程如上。

完成以上控制要求的交通信号灯手/自动控制系统设计与调试。

思考：在交通信号灯自动控制系统中为何要增加手动控制功能？

图 3-3　交通信号灯手/自动控制工作过程示意图

二、系统设计

本任务的重点是：正确选择和使用置位/复位优先触发器指令，理解交通信号灯手/自动控制系统运行规律；难点是：手/自动功能程序设计，并完成系统调试。为了保障系统设计顺利完成，请先回答以下几个问题（见表 3-8）。

表 3-8　交通信号灯手/自动控制系统设计问题列表

1	问	定时器结果输出和强制通行按钮按下控制交通灯，哪个优先级高？为什么？
	答	
2	问	双向强制通行按钮均释放后，定时器循环是否需要重新启动？
	答	
3	问	如何实现定时器指令复位？
	答	

在此基础上，进行以下系统设计。

1. 硬件选型（见表 3-9）

表 3-9　设备清单

序号	设备名称	型号	数量	备注（功能）
1				
2				
3				
4				
5				
6				
7				

2. I/O 分配（见表 3-10）

表 3-10　I/O 分配表

形式	序号	名称	PLC 地址	备注（南北 / 东西 / 运行时间）
输入	1			
	2			
	3			
	4			
输出	1			
	2			
	3			
	4			
	5			
	6			

3. 系统接线图绘制（补充完整图 3-4）

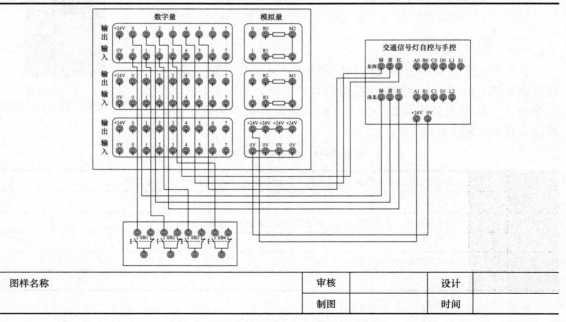

图样名称		审核		设计	
		制图		时间	

图 3-4　交通信号灯手 / 自动控制系统接线图

4. 程序设计

程序清单	注释

三、系统调试（见表 3-11）

表 3-11　程序调试表

当前状态	操作	预测结果	通过	失败	确认签字（执行人）
博途运行正常	硬件组态	无错误报告	☐	☐	
硬件组态完成	编译组态	无错误报告	☐	☐	
程序块正常	设计程序	无错误报告	☐	☐	
程序设计完成	编译程序	无错误报告	☐	☐	
项目编译成功	下载项目	出现下载窗口，数据下载正常	☐	☐	
CPU 运行正常	在线监控	无通信错误，能正常读取输入/输出点状态	☐	☐	
程序监控正常	按照工作过程给出输入条件	依照程序的逻辑分析输出信号正常	☐	☐	
程序输出正确	按控制要求观察	交通信号灯手/自动控制运行正常	☐	☐	

四、调试完成，等待确认（见表 3-12）

表 3-12　调试确认表

检查次数	成功	失败	确认签字（派单人）	检查次数	成功	失败	确认签字（派单人）
1	☐	☐		3	☐	☐	
2	☐	☐		4	☐	☐	

五、记录调试过程中出现的问题及解决方法（见表 3-13）

表 3-13　故障记录排查表

序号	故障现象	分析过程	故障处理	确认签字
1				
2				

六、任务实施过程中的收获与体会

七、任务考核与评价（见表 3-14）

表 3-14 任务考核与评价表

序号	考核项	考核点	评分标准	得分
1	系统设计	硬件选型 （10 分）	包含所有输入 / 输出设备：+5 分 正确描述各设备名称及功能：+3 分 有节约成本意识：+2 分	
2		I/O 设置 （10 分）	与"硬件选型"中的设备相一致：+2 分 与实际硬件相对应：+2 分 I/O 点不重复，有节约点数意识：+3 分 正确表述各 I/O 点：+3 分	
3		接线图绘制 （10 分）	依据规范正确标注导线颜色：+2 分 正确解释各种导线颜色的含义：+2 分 正确绘制导线：每根 +1 分，最高 +6 分	
4		硬件接线 （10 分）	正确识读接线图：+2 分 正确选择导线颜色：+2 分 依图正确连接导线：+6 分	
5		程序设计 （20 分）	正确使用变量表：+5 分 置位 / 复位优先触发器指令选择正确：+2 分 SR 指令正确使用：+3 分 强制通行功能实现：+5 分 编译无误：+5 分	
6	系统调试	博途组态 （10 分）	与实际硬件一致：+2 分 硬件组态下载无误：+3 分 软件组态下载无误：+2 分 无误或能根据错误信息排除组态故障：+3 分	
7		系统调试 （15 分）	按照流程使用实验台，确保安全：+2 分 正确操作博途软件，应用调试功能：+2 分 按要求正确给出输入信号：+3 分 南北方向强制通行正常运行：+3 分 东西方向强制通行正常运行：+3 分 双向强制通行完好配合运行：+2 分	
8	素养与创新	职业素养 （10 分）	接线依照（企业）标准规定颜色：+1 分 能正确使用工具检测、排除故障：+3 分 调试中能准确描述强制通行在任务中的具体体现：+3 分 工单书写规范：+2 分 设备整理到位：+1 分	
9		创新意识 （5 分）	有创新设计并实现：+5 分 有创新想法并勇于尝试但未成功：+3 分 有创新想法并描述清楚：+2 分	

发射型灯光控制系统设计与调试 　任务工单

班级 _____ 姓名 _____ 实训台号 _____ 操作时间 _____ 分钟

任务目标

知识目标	1. 理解移位指令运行原理，能根据需求正确选择移位指令，分析时序特点； 2. 理解发射型灯光控制系统运行规律。
能力目标	1. 能利用移位指令，完成发射型灯光控制系统程序的设计与调试； 2. 能根据调试现象排除接线故障。
素质目标	1. 养成规范接线的良好习惯； 2. 夯实安全第一意识； 3. 提高对规律与节拍的设计能力。

一、任务描述

天塔之光装置示意图如图 4-1 所示，发射型灯光控制要求如下：

1）按下起动按钮 SB1，L1 亮 1s 后熄灭，接着 L2～L5 亮，1s 后熄灭，接着 L6～L9 亮，1s 后熄灭，接着 L1 又亮 1s 后熄灭，如此循环下去。点亮时间可以自行调整。

2）按下停止按钮 SB2，所有灯熄灭。

时序图如图 4-2 所示。

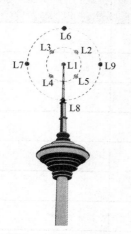

图 4-1　天塔之光装置

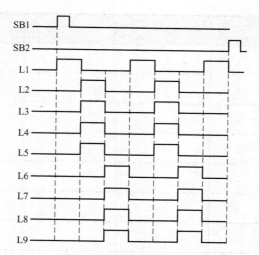

图 4-2　发射型灯光控制时序图

二、系统设计

本任务的重点是：正确选择和使用移位指令，理解发射型灯光控制的运行规律；难点是：设计灯光闪烁的规律和节拍，完成系统调试。为了保障系统设计顺利完成，先回答以下几个问题（见表 4-1）。

表 4-1　发射型灯光控制系统设计问题列表

1	问	每个循环周期需要多少时间？
	答	
2	问	在一个循环中，每盏灯点亮的时间是多少？如何实现的？
	答	
3	问	选择哪种移位指令？为什么？
	答	

在此基础上，进行以下系统设计。

1. 硬件选型（见表 4-2）

表 4-2　设备清单

序　号	设　备　名　称	型　号	数　量	备注（功能）
1				
2				
3				
4				
5				

2. I/O 分配（见表 4-3）

表 4-3　I/O 分配表

形　式	序　号	名　称	PLC 地址	备注（每个循环中灯光的点亮时间）
输入	1			
	2			
输出	1			
	2			
	3			
	4			
	5			
	6			
	7			
	8			
	9			

3. 系统接线图绘制（补充完整图 4-3）

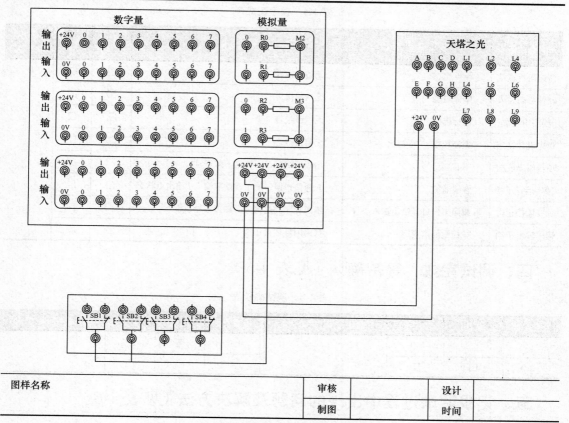

图样名称		审核		设计	
		制图		时间	

图 4-3　发射型灯光控制系统接线图

4. 程序设计

程序清单	注释

三、系统调试（见表 4-4）

表 4-4　程序调试表

当前状态	操作	预测结果	通过	失败	确认签字（执行人）
博途运行正常	硬件组态	无错误报告	☐	☐	
硬件组态完成	编译组态	无错误报告	☐	☐	
程序块正常	设计程序	无错误报告	☐	☐	
程序设计完成	编译程序	无错误报告	☐	☐	
项目编译成功	下载项目	出现下载窗口，数据下载正常	☐	☐	
CPU 运行正常	在线监控	无通信错误，能正常读取输入 / 输出点状态	☐	☐	
程序监控正常	按照工作过程给出输入条件	依照程序的逻辑分析输出信号正常	☐	☐	
程序输出正确	按控制要求观察	灯光闪烁运行正常	☐	☐	

四、调试完成，等待确认（见表 4-5）

表 4-5　调试确认表

检查次数	成功	失败	确认签字（派单人）	检查次数	成功	失败	确认签字（派单人）
1	☐	☐		3	☐	☐	
2	☐	☐		4	☐	☐	

五、记录调试过程中出现的问题及解决方法（见表 4-6）

表 4-6　故障记录排查表

序号	故障现象	分析过程	故障处理	确认签字
1				
2				

六、任务实施过程中的收获与体会

七、任务考核与评价（见表4-7）

表4-7　任务考核与评价表

序号	考核项	考核点	评分标准	得分
1	系统设计	硬件选型（10分）	包含所有输入/输出设备：+5分 正确描述各设备名称及功能：+3分 有节约成本意识：+2分	
2		I/O设置（10分）	与"硬件选型"中的设备相一致：+2分 与实际硬件相对应：+2分 I/O点不重复，有节约点数意识：+3分 正确表述各I/O点：+3分	
3		接线图绘制（10分）	依据规范正确标注导线颜色：+2分 正确解释各种导线颜色的含义：+2分 正确绘制导线：每根+1分，最高+6分	
4		硬件接线（10分）	正确识读接线图：+2分 正确选择导线颜色：+2分 依图正确连接导线：+6分	
5		程序设计（20分）	正确使用变量表：+5分 移位指令选择正确：+2分 移位指令各参数设置正确：+3分 双线圈处理无误：+5分 编译无误：+5分	
6	系统调试	博途组态（10分）	与实际硬件一致：+2分 硬件组态下载无误：+3分 软件组态下载无误：+2分 无误或能根据错误信息排除组态故障：+3分	
7		系统调试（15分）	按照流程使用实验台，确保安全：+2分 正确操作博途软件，应用调试功能：+2分 按要求正确给出输入信号：+3分 发射型灯光按设计时间运行：+3分 发射型灯光运行规律明显，节拍清晰：+5分	
8	素养与创新	职业素养（10分）	接线依照（企业）标准规定颜色：+1分 能正确使用工具检测、排除故障：+3分 调试中能准确描述灯光控制规律在任务中的具体体现：+3分 工单书写规范：+2分 设备整理到位：+1分	
9		创新意识（5分）	有创新设计并实现：+5分 有创新想法并勇于尝试但未成功：+3分 有创新想法并描述清楚：+2分	

流水型灯光控制系统设计与调试 任务工单

班级 _____ 姓名 _____ 实训台号 _____ 操作时间 _____ 分钟

任务目标

知识目标	1. 理解循环移位指令运行原理，能根据需求正确选择循环移位指令，分析时序特点； 2. 理解流水型灯光控制系统运行规律。
能力目标	1. 能利用循环移位指令，完成流水型灯光控制系统程序的设计与调试； 2. 能根据调试现象排除接线故障。
素质目标	1. 养成规范接线的良好习惯； 2. 夯实安全第一意识； 3. 增强生产效率和设备运行的可靠性意识。

一、任务描述

装置如图 4-1 所示，流水型灯光控制系统控制要求：

1）按下起动按钮 SB1，L1 亮 1s 后熄灭，接着 L2 亮 1s 后熄灭，接着 L3 亮 1s 后熄灭，依次进行，直至 L9 亮，延时 5s 后反向点亮，即 L8 亮 1s 后熄灭，L7 亮 1s 后熄灭，直至 L1 亮，延时 5s 后熄灭，接着 L2 亮 1s 后熄灭，如此循环下去。

2）按下停止按钮 SB2，所有灯熄灭。

二、系统设计

本任务的重点是：正确选择和使用循环移位指令，理解流水型灯光控制的运行规律；难点是：程序设计中兼顾生产效率和设备运行可靠性，完成系统调试。为了保障系统设计顺利完成，请先回答以下问题（见表 4-8）。

表 4-8 流水型灯光控制系统设计问题列表

1	问	流水型灯光控制的特点是什么？
	答	
2	问	选择哪种循环移位指令？为什么？
	答	
3	问	如果使用移位指令，能否实现控制要求？
	答	

在此基础上，进行以下系统设计。

1. 硬件选型（见表 4-9）

表 4-9 设备清单

序 号	设 备 名 称	型 号	数 量	备注（功能）
1				
2				

（续）

序 号	设 备 名 称	型 号	数 量	备注（功能）
3				
4				
5				

2. I/O 分配（见表 4-10）

表 4-10　I/O 分配表

形 式	序 号	名 称	PLC 地址	备注（每个循环中灯光的点亮时间）
输入	1			
	2			
输出	1			
	2			
	3			
	4			
	5			
	6			
	7			
	8			
	9			

3. 系统接线图绘制（补充完整图 4-4）

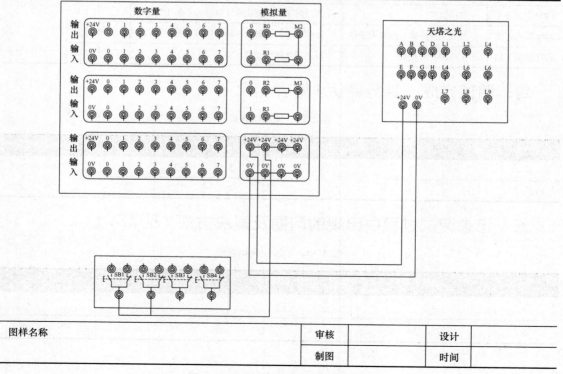

图样名称		审核		设计	
		制图		时间	

图 4-4　流水型灯光控制系统接线图

4. 程序设计

程序清单	注释

三、系统调试（见表 4-11）

表 4-11　程序调试表

当前状态	操作	预测结果	通过	失败	确认签字（执行人）
博途运行正常	硬件组态	无错误报告	☐	☐	
硬件组态完成	编译组态	无错误报告	☐	☐	
程序块正常	设计程序	无错误报告	☐	☐	
程序设计完成	编译程序	无错误报告	☐	☐	
项目编译成功	下载项目	出现下载窗口，数据下载正常	☐	☐	
CPU 运行正常	在线监控	无通信错误，能正常读取输入 / 输出点状态	☐	☐	
程序监控正常	按照工作过程给出输入条件	依照程序的逻辑分析输出信号正常	☐	☐	
程序输出正确	按控制要求观察	灯光闪烁运行正常	☐	☐	

四、调试完成，等待确认（见表 4-12）

表 4-12　调试确认表

检查次数	成功	失败	确认签字（派单人）	检查次数	成功	失败	确认签字（派单人）
1	☐	☐		3	☐	☐	
2	☐	☐		4	☐	☐	

五、记录调试过程中出现的问题及解决方法（见表 4-13）

表 4-13　故障记录排查表

序号	故障现象	分析过程	故障处理	确认签字
1				
3				

六、任务实施过程中的收获与体会

七、任务考核与评价（见表 4-14）

表 4-14　任务考核与评价表

序号	考核项	考核点	评分标准	得分
1	系统设计	硬件选型 （10 分）	包含所有输入 / 输出设备：+5 分 正确描述各设备名称及功能：+3 分 有节约成本意识：+2 分	
2		I/O 设置 （10 分）	与"硬件选型"中的设备相一致：+2 分 与实际硬件相对应：+2 分 I/O 点不重复，有节约点数意识：+3 分 正确表述各 I/O 点：+3 分	
3		接线图绘制 （10 分）	依据规范正确标注导线颜色：+2 分 正确解释各种导线颜色的含义：+2 分 正确绘制导线：每根 +1 分，最高 +6 分	
4		硬件接线 （10 分）	正确识读接线图：+2 分 正确选择导线颜色：+2 分 依图正确连接导线：+6 分	
5		程序设计 （20 分）	正确使用变量表：+5 分 循环移位指令选择正确：+2 分 循环移位指令各参数设置正确：+3 分 双线圈处理无误：+5 分 编译无误：+5 分	
6	系统调试	博途组态 （10 分）	与实际硬件一致：+2 分 硬件组态下载无误：+3 分 软件组态下载无误：+2 分 无误或能根据错误信息排除组态故障：+3 分	
7		系统调试 （15 分）	按照流程使用实验台，确保安全：+2 分 正确操作博途软件，应用调试功能：+2 分 按要求正确给出输入信号：+3 分 流水型灯光按设计时间运行：+3 分 流水型灯光运行可靠，规律清晰：+5 分	
8	素养与创新	职业素养 （10 分）	接线依照（企业）标准规定颜色：+1 分 能正确使用工具检测、排除故障：+3 分 调试中能准确描述灯光控制规律在任务中的具体体现：+3 分 工单书写规范：+2 分 设备整理到位：+1 分	
9		创新意识 （5 分）	有创新设计并实现：+5 分 有创新想法并勇于尝试但未成功：+3 分 有创新想法并描述清楚：+2 分	

多模式灯光控制系统设计与调试　任务工单

班级 _____　　姓名 _____　　实训台号 _____　　操作时间 _____分钟

任务目标

知识目标	1. 理解计数器指令运行原理，能根据需求正确选择计数器指令，分析时序特点； 2. 理解多模式灯光控制系统运行规律。
能力目标	1. 能利用计数器和移位指令，完成多模式灯光控制系统程序的设计与调试； 2. 能根据调试现象排除接线故障。
素质目标	1. 养成规范接线的良好习惯； 2. 夯实安全第一意识； 3. 增强知行合一的理念。

一、任务描述

装置如图 4-1 所示，多模式灯光控制系统控制要求：

1）按下起动按钮，L1 亮 1s 后 L2～L5 亮，亮 1s 后 L6～L9 亮，亮 1s 后 9 盏灯都熄灭，然后进入第二次循环，如此循环五次后自动停止。

2）运行过程中按下停止按钮，所有灯熄灭。

二、系统设计

本任务的重点是：正确选择和使用计数器和移位指令，理解多模式灯光控制的运行规律；难点是：在系统设计中做到知行合一，在实践中不断总结创新点，深入学习，迎难而上。为了保障系统设计顺利完成，先回答以下问题（见表 4-15）。

表 4-15　多模式灯光控制系统设计问题列表

1	问	多模式灯光控制的特点是什么？
	答	
2	问	选择哪种计数器指令？为什么？
	答	
3	问	如何实现计数器指令复位？
	答	

在此基础上，进行以下系统设计。

1. 硬件选型（见表 4-16）

表 4-16　设备清单

序　号	设　备　名　称	型　号	数　量	备注（功能）
1				
2				
3				

（续）

序　号	设 备 名 称	型　号	数　量	备注（功能）
4				
5				

2. I/O 分配（见表 4-17）

表 4-17　I/O 分配表

形　式	序　号	名　称	PLC 地址	备注（每个循环中灯光的点亮时间）
输入	1			
	2			
输出	1			
	2			
	3			
	4			
	5			
	6			
	7			
	8			
	9			

3. 系统接线图绘制（补充完整图 4-5）

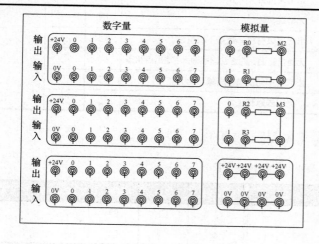
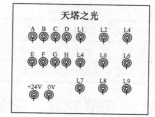

图样名称		审核		设计	
		制图		时间	

图 4-5　多模式灯光控制系统接线图

4. 程序设计

程序清单	注释

三、系统调试（见表 4-18）

表 4-18　程序调试表

当前状态	操作	预测结果	通过	失败	确认签字（执行人）
博途运行正常	硬件组态	无错误报告	☐	☐	
硬件组态完成	编译组态	无错误报告	☐	☐	
程序块正常	设计程序	无错误报告	☐	☐	
程序设计完成	编译程序	无错误报告	☐	☐	
项目编译成功	下载项目	出现下载窗口，数据下载正常	☐	☐	
CPU 运行正常	在线监控	无通信错误，能正常读取输入/输出点状态	☐	☐	
程序监控正常	按照工作过程给出输入条件	依照程序的逻辑分析输出信号正常	☐	☐	
程序输出正确	按控制要求观察	灯光闪烁运行正常	☐	☐	

四、调试完成，等待确认（见表 4-19）

表 4-19　调试确认表

检查次数	成功	失败	确认签字（派单人）	检查次数	成功	失败	确认签字（派单人）
1	☐	☐		3	☐	☐	
2	☐	☐		4	☐	☐	

五、记录调试过程中出现的问题及解决方法（见表 4-20）

表 4-20　故障记录排查表

序号	故障现象	分析过程	故障处理	确认签字
1				
2				

六、任务实施过程中的收获与体会

七、任务考核与评价（见表 4-21）

表 4-21　任务考核与评价表

序号	考核项	考核点	评分标准	得分
1	系统设计	硬件选型 （10 分）	包含所有输入 / 输出设备：+5 分 正确描述各设备名称及功能：+3 分 有节约成本意识：+2 分	
2		I/O 设置 （10 分）	与"硬件选型"中的设备相一致：+2 分 与实际硬件相对应：+2 分 I/O 点不重复，有节约点数意识：+3 分 正确表述各 I/O 点：+3 分	
3		接线图绘制 （10 分）	依据规范正确标注导线颜色：+2 分 正确解释各种导线颜色的含义：+2 分 正确绘制导线：每根 +1 分，最高 +6 分	
4		硬件接线 （10 分）	正确识读接线图：+2 分 正确选择导线颜色：+2 分 依图正确连接导线：+6 分	
5		程序设计 （20 分）	正确使用变量表：+5 分 移位指令和计数器指令选择正确：+2 分 计数器指令各参数设置正确：+3 分 双线圈处理无误：+5 分 编译无误：+5 分	
6	系统调试	博途组态 （10 分）	与实际硬件一致：+2 分 硬件组态下载无误：+3 分 软件组态下载无误：+2 分 无误或能根据错误信息排除组态故障：+3 分	
7		系统调试 （15 分）	按照流程使用实验台，确保安全：+2 分 正确操作博途软件，应用调试功能：+2 分 按要求正确给出输入信号：+3 分 多模式灯光按设计时间运行：+3 分 多模式灯光运行可靠，规律清晰：+5 分	
8	素养与创新	职业素养 （10 分）	接线依照（企业）标准规定颜色：+1 分 能正确使用工具检测、排除故障：+3 分 调试中能准确描述灯光控制规律在任务中的具体体现：+3 分 工单书写规范：+2 分 设备整理到位：+1 分	
9		创新意识 （5 分）	有创新设计并实现：+5 分 有创新想法并勇于尝试但未成功：+3 分 有创新想法并描述清楚：+2 分	

投币售货自动显示控制系统设计与调试　任务工单

班级 _____　姓名 _____　实训台号 _____　操作时间 _____ 分钟

任务目标

知识目标	1.掌握博途软件中的移动值指令、转换指令工作原理，能根据需求正确选择指令，分析数据类型和存储位置； 2.能在程序的不同对象里调用移动值指令，并通过转换指令正确显示运算结果，完成投币售货自动显示控制系统程序的编制。
能力目标	能根据控制要求，完成投币售货自动显示控制系统的设计和调试，并进行简单故障排查。
素质目标	培养实事求是、精益求精、锲而不舍的品质。

一、任务描述

某自动售货机投币售货自动显示系统控制要求：

1）按下货物按钮，按表 5-1 所示显示货物单价金额。

表 5-1　货物单价金额

货物名称	可乐	纯水	牛奶	酸奶
货物单价	2.5 元	1.5 元	3.0 元	3.5 元

2）按下投币按钮，显示投币个数。

3）按下退币按钮，显示清零。

二、系统设计

本任务的重点是：正确选择和使用移动值指令和转换指令；按照控制要求，有显示货物金额和显示投币个数两个重点内容。在进行货物金额显示的设计时，需要通过对货物按钮的检测，触发对应货物单价金额进行显示；在进行投币次数显示的设计时，需要通过对投币按钮的检测，触发对应计数器并进行显示。在此基础上，进行以下系统设计。

1. 硬件选型（见表 5-2）

表 5-2　设备清单

序　号	设 备 名 称	型　号	数　量	备注（功能）
1				
2				
3				
4				
5				

2. I/O 分配（见表 5-3）

表 5-3　I/O 分配表

形　式	序　号	名　称	PLC 地址	备注（功能）
输入	1			
	2			
	3			
	4			
	5			
	6			
	7			
	8			
输出	1			
	2			
	3			
	4			
	5			
	6			
	7			
	8			

3. 系统接线图绘制（补充完整图 5-1）

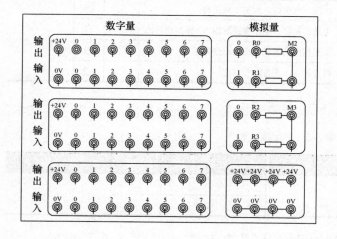

图样名称		审核		设计	
		制图		时间	

图 5-1　投币售货自动显示控制系统接线图

4.程序设计

程序清单	注释

三、系统调试（见表 5-4）

表 5-4 程序调试表

当前状态	操作	预测结果	通过	失败	确认签字（执行人）
博途运行正常	硬件组态	无错误报告	☐	☐	
硬件组态完成	编译组态	无错误报告	☐	☐	
程序块正常	设计程序	无错误报告	☐	☐	
程序设计完成	编译程序	无错误报告	☐	☐	
项目编译成功	下载项目	出现下载窗口，数据下载正常	☐	☐	
CPU 运行正常	在线监控	无通信错误，能正常读取输入 / 输出点状态	☐	☐	
程序监控正常	按照工作过程给出输入条件	依照程序的逻辑分析输出信号正常	☐	☐	
程序输出正确	按控制要求观察	售货机显示正常	☐	☐	

四、调试完成，等待确认（见表 5-5）

表 5-5 调试确认表

检查次数	成功	失败	确认签字（派单人）	检查次数	成功	失败	确认签字（派单人）
1	☐	☐		3	☐	☐	
2	☐	☐		4	☐	☐	

五、记录调试过程中出现的问题及解决方法（见表 5-6）

表 5-6 故障记录排查表

序号	故障现象	分析过程	故障处理	确认签字
1				
2				

六、任务实施过程中的收获与体会

七、任务考核与评价（见表 5-7）

表 5-7　任务考核与评价表

序号	考核项	考核点	评分标准	得分
1	系统设计	硬件选型 （10 分）	包含所有输入 / 输出设备：+5 分 正确描述各设备名称及功能：+3 分 有节约成本意识：+2 分	
2		I/O 设置 （10 分）	与"硬件选型"中的设备相一致：+2 分 与实际硬件相对应：+2 分 I/O 点不重复，有节约点数意识：+3 分 正确表述各 I/O 点：+3 分	
3		接线图绘制 （10 分）	依据规范正确标注导线颜色：+2 分 正确解释各种导线颜色的含义：+2 分 正确绘制导线：每根 +0.5 分，最高 +6 分	
4		硬件接线 （10 分）	正确识读接线图：+2 分 正确选择导线颜色：+2 分 依图正确连接导线：+6 分	
5		程序设计 （20 分）	正确使用变量表：+5 分 指令选择正确：+2 分 参数设置正确：+3 分 显示处理无误：+5 分 编译无误：+5 分	
6	系统调试	博途组态 （10 分）	与实际硬件一致：+2 分 硬件组态下载无误：+3 分 软件组态下载无误：+2 分 无误或能根据错误信息排除组态故障：+3 分	
7		系统调试 （15 分）	按照流程使用实验台，确保安全：+2 分 正确操作博途软件，应用调试功能：+2 分 按要求正确给出输入信号：+3 分 货物单价金额显示运行：+3 分 投币个数显示运行：+3 分 清零显示运行：+2 分	
8	素养与创新	职业素养 （10 分）	接线依照（企业）标准规定颜色：+1 分 能正确使用工具检测、排除故障：+3 分 调试中能准确描述投币售货自动显示控制系统的功能：+3 分 工单书写规范：+2 分 设备整理到位：+1 分	
9		创新意识 （5 分）	有创新设计并实现：+5 分 有创新想法并勇于尝试但未成功：+3 分 有创新想法并描述清楚：+2 分	

单物品自动售货控制系统设计与调试　任务工单

班级 _____　姓名 _____　实训台号 _____　操作时间 _____ 分钟

任务目标

知识目标	1.掌握博途软件中的数学函数指令工作原理，能根据需求正确选择指令，分析数据类型和存储位置； 2.能在程序的不同对象里调用数学函数指令，完成单物品自动售货控制系统程序的编制。
能力目标	能根据控制要求，完成单物品自动售货控制系统的设计和调试，并进行简单故障排查。
素质目标	培养实事求是、精益求精、锲而不舍的品质。

一、任务描述

某自动售货机（图 5-2）单物品自动售货控制系统要求如下：

图 5-2　自动售货机实物图

1）按下投币按钮 1 角、5 角、1 元，数码显示投币金额为 01、05、10。

2）显示金额减去所买货物金额后，数码显示余额，可以一次多买，直到金额不足，灯 L1 以 1Hz 频率闪烁，持续 2s，提示当前余额不足。

3）当投币余额不足时，如果继续投币则可连续购买。

4）投币金额超过 10 元，数码显示低两位，但可以继续购物。

5）购物 4s 后，如果没有再操作，则取物口灯亮，10s 后取物口灯灭，有余额则退币口灯亮。

6）如不买货物，按退币按钮，则退出全部金额，数码显示为零，退币口灯亮，10s 后退币口灯灭。

二、系统设计

本任务的重点是：正确选择和使用数学函数指令，理解自动售货机运行规律；难点是：设计投币金额显示和购物的余额显示，完成单物品自动售货控制系统调试。为了顺利完成系统设计，请先回答以下问题（见表 5-8），按系统设计流程完成以下设计步骤。

表 5-8　单物品自动售货控制问题列表

1	问	如果投币金额大于或等于所选货物单价，程序输出结果是什么？
	答	
2	问	如果投币金额小于所选货物单价，程序输出结果是什么？
	答	
3	问	如果投入货币后，又不想购买货物了，则需要按退币按钮，程序输出结果是什么？
	答	

在此基础上，进行以下系统设计。

1. 硬件选型（表 5-9）

表 5-9　设备清单

序　号	设 备 名 称	型　号	数　量	备注（功能）
1				
2				
3				
4				
5				
6				

2. I/O 分配（表 5-10）

表 5-10　I/O 分配表

形式	序号	名称	PLC 地址	备注	形式	序号	名称	PLC 地址	备注
输入	1				输出	1			
	2					2			
	3					3			
	4					4			
	5					5			
	6					6			
	7					7			
	8					8			
						9			
						10			
						11			

3. 系统接线图绘制（补充完整图 5-3）

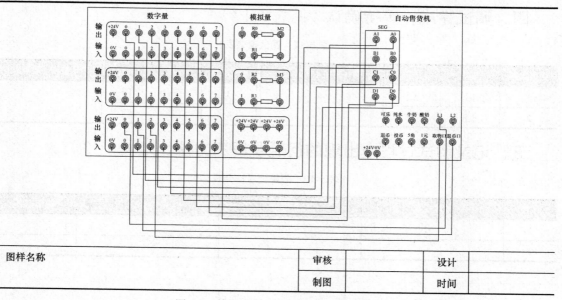

图样名称		审核		设计	
		制图		时间	

图 5-3　单物品自动售货控制系统接线图

4. 程序设计

程序清单	注释

三、系统调试（见表 5-11）

表 5-11　程序调试表

当前状态	操作	预测结果	通过	失败	确认签字 （执行人）
博途运行正常	硬件组态	无错误报告	☐	☐	
硬件组态完成	编译组态	无错误报告	☐	☐	
程序块正常	设计程序	无错误报告	☐	☐	
程序设计完成	编译程序	无错误报告	☐	☐	
项目编译成功	下载项目	出现下载窗口，数据下载正常	☐	☐	
CPU 运行正常	在线监控	无通信错误，能正常读取输入 / 输出点状态	☐	☐	
程序监控正常	按照工作过程给出输入条件	依照程序的逻辑分析输出信号正常	☐	☐	
程序输出正确	按控制要求观察	单物品自动售货控制系统运行正常	☐	☐	

四、调试完成，等待确认（见表 5-12）

表 5-12　调试确认表

检查次数	成功	失败	确认签字（派单人）	检查次数	成功	失败	确认签字（派单人）
1	☐	☐		3	☐	☐	
2	☐	☐		4	☐	☐	

五、记录调试过程中出现的问题及解决方法（见表 5-13）

表 5-13　故障记录排查表

序号	故障现象	分析过程	故障处理	确认签字
1				
2				

六、任务实施过程中的收获与体会

七、任务考核与评价（见表 5-14）

表 5-14　任务考核与评价表

序号	考核项	考核点	评分标准	得分
1	系统设计	硬件选型 （10 分）	包含所有输入 / 输出设备：+5 分 正确描述各设备名称及功能：+3 分 有节约成本意识：+2 分	
2		I/O 设置 （10 分）	与"硬件选型"中的设备相一致：+2 分 与实际硬件相对应：+2 分 I/O 点不重复，有节约点数意识：+3 分 正确表述各 I/O 点：+3 分	
3		接线图绘制 （10 分）	依据规范正确标注导线颜色：+2 分 正确解释各种导线颜色的含义：+2 分 正确绘制导线：每根 +1 分，最高 +6 分	
4		硬件接线 （10 分）	正确识读接线图：+2 分 正确选择导线颜色：+2 分 依图正确连接导线：+6 分	
5		程序设计 （20 分）	正确使用变量表：+5 分 指令选择正确：+2 分 参数设置正确：+3 分 售货功能无误：+5 分 编译无误：+5 分	
6	系统调试	博途组态 （10 分）	与实际硬件一致：+2 分 硬件组态下载无误：+3 分 软件组态下载无误：+2 分 无误或能根据错误信息排除组态故障：+3 分	
7		系统调试 （15 分）	按照流程使用实验台，确保安全：+2 分 正确操作博途软件，应用调试功能：+2 分 按要求正确给出输入信号：+3 分 投币金额显示运行：+3 分 售货过程运行：+3 分 退币功能运行：+2 分	
8	素养与创新	职业素养 （10 分）	接线依照（企业）标准规定颜色：+1 分 能正确使用工具检测、排除故障：+3 分 调试中能准确描述单物品自动售货控制系统的功能：+3 分 工单书写规范：+2 分 设备整理到位：+1 分	
9		创新意识 （5 分）	有创新设计并实现：+5 分 有创新想法并勇于尝试但未成功：+3 分 有创新想法并描述清楚：+2 分	

全自动售货控制系统设计与调试　任务工单

班级 _____　姓名 _____　实训台号 _____　操作时间 _____分钟

任务目标

知识目标	1. 了解博途软件中的数学函数指令； 2. 理解数学函数指令各参数含义； 3. 掌握数学函数指令的运行原理，能在程序的不同对象里调用运算指令，并通过转换指令正确显示运算结果。
能力目标	1. 能根据需求正确选择指令，分析数据类型和存储位置； 2. 能根据要求完成全自动售货控制系统程序设计； 3. 能根据控制要求，完成全自动售货控制系统的设计和调试，并进行简单故障排查。
素质目标	1. 培养实事求是、精益求精、锲而不舍的品质； 2. 提高搜集信息能力； 3. 提高撰写文本能力。

一、任务描述

某全自动售货控制系统要求如下：

1）通过投币口投币，可识别 1 元、5 元、10 元、20 元、50 元人民币，数码显示投币金额为 01、05、10、20、50，投币金额最多为 99 元。

2）钱币输入采用按钮复用的方式，需要投币按钮与"+""−"三个按钮配合使用，"+"或"−"按钮选择币值，投币按钮确认投币。

3）所售货物名称及货物单价金额见表 5-15。购买货物后显示金额减去所买货物金额，数码显示余额，可以一次多买，直到金额不足，灯 L1 闪烁 2s 提示当前余额不足。

表 5-15　货物单价金额

货物名称	薯片	饼干	巧克力	干果
货物单价	8 元	10 元	12 元	15 元

4）当投币余额不足时，如果继续投币，则可连续购买。

5）购物 4s 后，如果没有再操作，则取物口灯亮，10s 后取物口灯灭，有余额则退币口灯亮。

6）不再购买货物后，按退币按钮，则可以退出全部余额。退回金额从大面值货币开始清退，逐一递减。每 0.5s 退还一张钱币，退币口灯以 5Hz 频率闪烁作为提示，直至余额到零为止。

二、系统设计

本任务的重点是：正确使用数学函数指令，理解自动售货机工作过程；难点是：按钮复用、退币控制要求及多条件控制显示通道。

1. 硬件选型（见表 5-16）

表 5-16　设备清单

序　号	设 备 名 称	型　　号	数　量	备注（功能）
1				
2				
3				
4				
5				
6				

2. I/O 分配（见表 5-17）

表 5-17　I/O 分配表

形式	序号	名称	PLC 地址	备注	形式	序号	名称	PLC 地址	备注
输入	1				输出	1			
	2					2			
	3					3			
	4					4			
	5					5			
	6					6			
	7					7			
	8					8			
						9			
						10			
						11			

3. 系统接线图绘制（补充完整图 5-4）

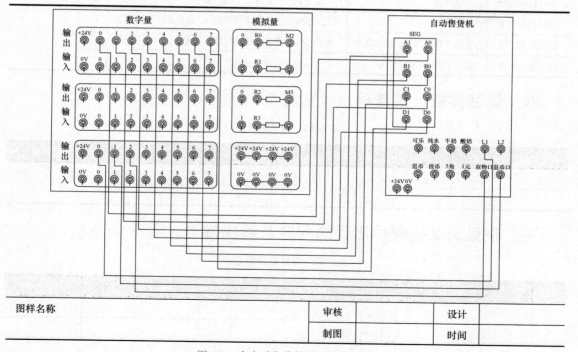

图样名称		审核		设计	
		制图		时间	

图 5-4　全自动售货控制系统接线图

4. 程序设计

程序清单	注释

三、系统调试（见表 5-18）

表 5-18　程序调试表

当前状态	操作	预测结果	通过	失败	确认签字（执行人）
博途运行正常	硬件组态	无错误报告	☐	☐	
硬件组态完成	编译组态	无错误报告	☐	☐	
程序块正常	设计程序	无错误报告	☐	☐	
程序设计完成	编译程序	无错误报告	☐	☐	
项目编译成功	下载项目	出现下载窗口，数据下载正常	☐	☐	
CPU 运行正常	在线监控	无通信错误，能正常读取输入/输出点状态	☐	☐	
程序监控正常	按照工作过程给出输入条件	依照程序的逻辑分析输出信号正常	☐	☐	
程序输出正确	按控制要求观察	全自动售货机运行正常	☐	☐	

四、调试完成，等待确认（见表 5-19）

表 5-19　调试确认表

检查次数	成功	失败	确认签字（派单人）	检查次数	成功	失败	确认签字（派单人）
1	☐	☐		3	☐	☐	
2	☐	☐		4	☐	☐	

五、记录调试过程中出现的问题及解决方法（见表 5-20）

表 5-20　故障记录排查表

序号	故障现象	分析过程	故障处理	确认签字
1				
2				

六、任务实施过程中的收获与体会

七、任务考核与评价（见表 5-21）

表 5-21 任务考核与评价表

序号	考核项	考核点	评分标准	得分
1	系统设计	硬件选型 （10 分）	包含所有输入/输出设备：+5 分 正确描述各设备名称及功能：+3 分 有节约成本意识：+2 分	
2		I/O 设置 （10 分）	与"硬件选型"中的设备相一致：+2 分 与实际硬件相对应：+2 分 I/O 点不重复，有节约点数意识：+3 分 正确表述各 I/O 点：+3 分	
3		接线图绘制 （10 分）	依据规范正确标注导线颜色：+2 分 正确解释各种导线颜色的含义：+2 分 正确绘制导线：每根 +1 分，最高 +6 分	
4		硬件接线 （10 分）	正确识读接线图：+2 分 正确选择导线颜色：+2 分 依图正确连接导线：+6 分	
5		程序设计 （20 分）	正确使用变量表：+5 分 指令选择正确：+2 分 参数设置正确：+3 分 售货功能无误：+5 分 编译无误：+5 分	
6	系统调试	博途组态 （10 分）	与实际硬件一致：+2 分 硬件组态下载无误：+3 分 软件组态下载无误：+2 分 无误或能根据错误信息排除组态故障：+3 分	
7		系统调试 （15 分）	按照流程使用实验台，确保安全：+2 分 正确操作博途软件，应用调试功能：+2 分 按要求正确给出输入信号：+3 分 投币金额显示运行：+2 分 售货功能运行：+2 分 退币找零运行：+4 分	
8	素养与创新	职业素养 （10 分）	接线依照（企业）标准规定颜色：+1 分 能正确使用工具检测、排除故障：+3 分 调试中能准确描述全自动售货控制系统的功能：+3 分 工单书写规范：+2 分 设备整理到位：+1 分	
9		创新意识 （5 分）	有创新设计并实现：+5 分 有创新想法并勇于尝试但未成功：+3 分 有创新想法并描述清楚：+2 分	

洗衣机自动控制系统设计与调试　任务工单

班级 _____　姓名 _____　实训台号 _____　操作时间 _____分钟

■■■■■ 任务目标

知识目标	1. 理解并掌握博途软件中的置位/复位、上升沿/下降沿指令基本功能及使用方法； 2. 理解洗衣机自动控制系统运行规律。
能力目标	1. 能在程序的不同对象里调用置位/复位、上升沿/下降沿指令，完成洗衣机的工作流程； 2. 能根据控制要求，完成洗衣机自动控制系统的设计和调试，并进行简单故障排查； 3. 能够培养独立思考问题及动手实践能力。
素质目标	1. 养成控制、自律的良好习惯； 2. 谨记安全第一，在安全可靠的基础上完成任务要求。

一、任务描述

用 PLC 实现洗衣机（见图 6-1）自动控制系统设计与调试，控制要求如下：

1）洗衣机工作初始状态：洗衣机不运转，各指示灯处于熄灭状态。

2）按下起动按钮 SA1，当高水位传感器 SQ2 为无信号时，进水指示灯 Y1 亮，开始往洗衣机注水。

3）当高水位传感器 SQ2 检测到信号时，进水指示灯 Y1 灭，停止进水。

4）此时，洗衣机开始正转，正转指示灯 $M_{正}$ 亮，正转 10s 后，停止 5s，洗衣机反转，反转指示灯 $M_{反}$ 亮，反转 10s 后，停止 5s。

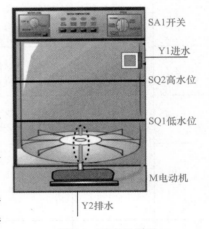

图 6-1　洗衣机原理

5）上一步骤重复三次，洗衣结束，停止转动，排水指示灯 Y2 亮，洗衣机开始排水。

6）高水位传感器 SQ2 和低水位传感器 SQ1 信号依次消失后，排水指示灯 Y2 灭，停止排水。

7）按下停止按钮，洗衣机执行相应步骤后停止运转。

二、系统设计

本任务的重点是：正确选择和使用置位/复位指令，理解洗衣机运行过程；难点是：洗衣机自动控制步骤较多，需要按照控制要求一步一步完成系统调试。为了保障系统设计顺利完成，进行设计前，请先回答以下问题（见表 6-1）。

表 6-1　洗衣机自动控制系统设计问题列表

1	问	洗衣机如何实现一直正转或反转？
	答	
2	问	在使用置位指令时，如果没有复位，输出线圈是否一直得电？为什么？
	答	

在此基础上，进行以下系统设计。

1. 硬件选型（见表6-2）

表6-2　设备清单

序号	设备名称	型号	数量	备注（功能）	序号	设备名称	型号	数量	备注（功能）
1					5				
2					6				
3					7				
4					8				

2. I/O分配（见表6-3）

表6-3　I/O分配表

形式	序号	名称	PLC地址	备注	形式	序号	名称	PLC地址	备注
输入	1				输出	1			
	2					2			
	3					3			
	4					4			

3. 系统接线图绘制（补充完整图6-2）

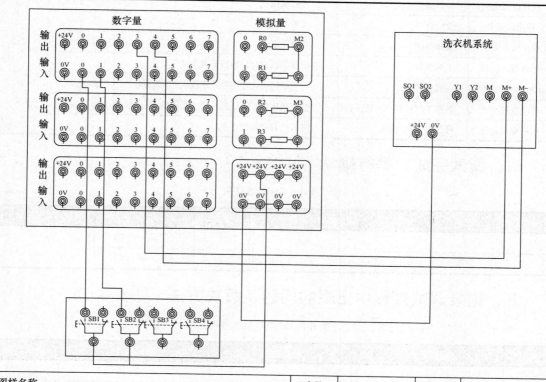

图样名称		审核		设计	
		制图		时间	

图6-2　洗衣机自动控制系统接线图

4. 程序设计

程序清单	注释

三、系统调试（见表 6-4）

表 6-4　程序调试表

当前状态	操作	预测结果	通过	失败	确认签字（执行人）
博途运行正常	硬件组态	无错误报告	☐	☐	
硬件组态完成	编译组态	无错误报告	☐	☐	
程序块正常	设计程序	无错误报告	☐	☐	
程序设计完成	编译程序	无错误报告	☐	☐	
项目编译成功	下载项目	出现下载窗口，数据下载正常	☐	☐	
CPU 运行正常	在线监控	无通信错误，能正常读取输入 / 输出点状态	☐	☐	
程序监控正常	按照工作过程给出输入条件	依照程序的逻辑分析输出信号正常	☐	☐	
程序输出正确	按控制要求观察	洗衣机自动运行正常	☐	☐	

四、调试完成，等待确认（见表 6-5）

表 6-5　调试确认表

检查次数	成功	失败	确认签字（派单人）	检查次数	成功	失败	确认签字（派单人）
1	☐	☐		3	☐	☐	
2	☐	☐		4	☐	☐	

五、记录调试过程中出现的问题及解决方法（见表 6-6）

表 6-6　故障记录排查表

序号	故障现象	分析过程	故障处理	确认签字
1				
2				

六、任务实施过程中的收获与体会

七、任务考核与评价（见表6-7）

表6-7 任务考核与评价表

序号	考核项	考核点	评分标准	得分
1	系统设计	硬件选型 （10分）	包含所有输入/输出设备：+5分 正确描述各设备名称及功能：+3分 有节约成本意识：+2分	
2		I/O设置 （10分）	与"硬件选型"中的设备相一致：+2分 与实际硬件相对应：+2分 I/O点不重复，有节约点数意识：+3分 正确表述各I/O点：+3分	
3		接线图绘制 （10分）	依据规范正确标注导线颜色：+2分 正确解释各种导线颜色的含义：+2分 正确绘制导线：每根+2分，最高+6分	
4		硬件接线 （10分）	正确识读接线图：+2分 正确选择导线颜色：+2分 依图正确连接导线：+6分	
5		程序设计 （20分）	正确使用变量表：+5分 置位/复位、上升沿/下降沿指令选择正确：+5分 置位/复位指令成对出现：+5分 编译无误：+5分	
6	系统调试	博途组态 （10分）	与实际硬件一致：+2分 硬件组态下载无误：+3分 软件组态下载无误：+2分 无误或能根据错误信息排除组态故障：+3分	
7		系统调试 （15分）	按照流程使用实验台，确保安全：+2分 正确操作博途软件，应用调试功能：+2分 按要求正确给出输入信号：+3分 洗衣机可以连续正转：+3分 洗衣机可以连续反转：+3分 洗衣机自动系统运行：+2分	
8	素养与创新	职业素养 （10分）	接线依照（企业）标准规定颜色：+1分 能正确使用工具检测、排除故障：+3分 调试中能准确描述洗衣机控制的逻辑关系：+3分 工单书写规范：+2分 设备整理到位：+1分	
9		创新意识 （5分）	有创新设计并实现：+5分 有创新想法并勇于尝试但未成功：+3分 有创新想法并描述清楚：+2分	

电镀流水线控制系统设计与调试　任务工单

班级 _____　姓名 _____　实训台号 _____　操作时间 _____分钟

■■■■■ 任务目标

知识目标	1. 理解顺序功能图原理； 2. 理解电镀流水线控制系统存在的现实意义。
能力目标	1. 能根据需要绘制顺序功能图； 2. 能根据控制要求，完成电镀流水线控制系统的设计和调试，并进行简单故障排查； 3. 能够培养独立思考问题及动手实践能力。
素质目标	1. 培养创新意识； 2. 谨记安全第一，在安全可靠的基础上完成任务要求。

一、任务描述

用 PLC 实现电镀流水线控制系统（图 6-3）设计与调试，具体控制要求如下：

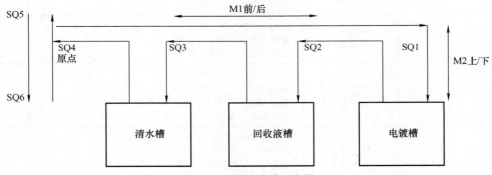

图 6-3　电镀流水线示意图

起动后，检测系统是否在取料点（SQ4），如果不在取料点（SQ4），让其自动回到取料点（SQ4），确定在取料点（SQ4）后，天车到取料台取料，挂钩到下限位（SQ6）时停止 3s，上升到上限位（SQ5）；天车取到工件后，到电镀槽位置（SQ1），挂钩下降到下限位（SQ6），把工件放到电镀槽，打开电极，电镀 3s 后挂钩上升至上限位（SQ5）；天车向前运行到回收液槽（SQ2），挂钩下降到下限位（SQ6），把工件放到回收液槽，回收 3s 后，提升到上限位（SQ5），天车向前运行至清水槽（SQ3），挂钩下降到下限位（SQ6），把工件放到清水槽，清洗 3s 后提升至上限位（SQ5），返回原点（SQ4）后开始下一轮循环。

按下停止按钮，系统停止所有动作。

二、系统设计

本任务的重点是：正确理解并掌握顺序功能图原理，并根据控制要求绘制顺序功能图，理解电镀流水线控制系统运行规律；难点是：电镀流水线自动控制步骤较多，需要按照控制要求一步一步完成系统调试。

1. 硬件选型（见表 6-8）

表 6-8　设备清单

序号	设备名称	型号	数量	备注（功能）	序号	设备名称	型号	数量	备注（功能）
1					5				
2					6				
3					7				
4					8				

2. I/O 分配（见表 6-9）

表 6-9　I/O 分配表

形式	序号	名称	PLC 地址	备注	形式	序号	名称	PLC 地址	备注
输入	1				输出	1			
	2					2			
	3					3			
						4			
	4					5			
						6			

3. 系统接线图绘制（补充完整图 6-4）

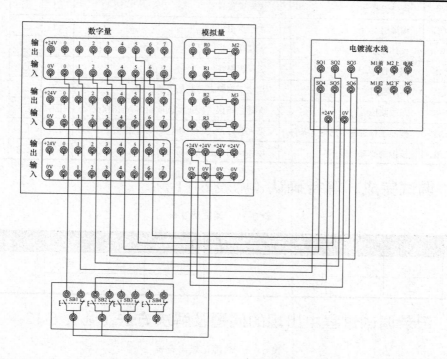

图样名称		审核		设计	
		制图		时间	

图 6-4　电镀流水线控制系统接线图

4. 程序设计

程序清单	注释

三、系统调试（见表 6-10）

表 6-10　程序调试表

当前状态	操作	预测结果	通过	失败	确认签字（执行人）
博途运行正常	硬件组态	无错误报告	☐	☐	
硬件组态完成	编译组态	无错误报告	☐	☐	
程序块正常	设计程序	无错误报告	☐	☐	
程序设计完成	编译程序	无错误报告	☐	☐	
项目编译成功	下载项目	出现下载窗口，数据下载正常	☐	☐	
CPU运行正常	在线监控	无通信错误，能正常读取输入/输出点状态	☐	☐	
程序监控正常	按照工作过程给出输入条件	依照程序的逻辑分析输出信号正常	☐	☐	
程序输出正确	按控制要求观察	电镀流水线控制运行正常	☐	☐	

四、调试完成，等待确认（见表 6-11）

表 6-11　调试确认表

检查次数	成功	失败	确认签字（派单人）	检查次数	成功	失败	确认签字（派单人）
1	☐	☐		3	☐	☐	
2	☐	☐		4	☐	☐	

五、记录调试过程中出现的问题及解决方法（见表 6-12）

表 6-12　故障记录排查表

序号	故障现象	分析过程	故障处理	确认签字
1				
2				

六、任务实施过程中的收获与体会

七、任务考核与评价（见表 6-13）

表 6-13 任务考核与评价表

序号	考核项	考核点	评分标准	得分
1	系统设计	硬件选型 （10分）	包含所有输入/输出设备：+5分 正确描述各设备名称及功能：+3分 有节约成本意识：+2分	
2		I/O 设置 （10分）	与"硬件选型"中的设备相一致：+2分 与实际硬件相对应：+2分 I/O 点不重复，有节约点数意识：+3分 正确描述各 I/O 点：+3分	
3		接线图绘制 （10分）	依据规范正确标注导线颜色：+2分 正确解释各种导线颜色的含义：+2分 正确绘制导线：每根+1分，最高+6分	
4		硬件接线 （10分）	正确识读接线图：+2分 正确选择导线颜色：+2分 依图正确连接导线：+6分	
5		程序设计 （20分）	正确使用变量表：+5分 设计顺序控制功能图思路正确：+2分 电镀流水线控制顺序功能图各个步骤完整并实现：+8分 编译无误：+5分	
6	系统调试	博途组态 （10分）	与实际硬件一致：+2分 硬件组态下载无误：+3分 软件组态下载无误：+2分 无误或能根据错误信息排除组态故障：+3分	
7		系统调试 （15分）	按照流程使用实验台，确保安全：+2分 正确操作博途软件，应用调试功能：+2分 按要求正确实现上升、下降运行：+3分 按要求正确实现前进、后退运行：+3分 定时器选择正确、时间参数设置正确：+3分 限位开关输入信号正常工作：+2分	
8	素养与创新	职业素养 （10分）	接线依照（企业）标准规定颜色：+1分 能正确使用工具检测、排除故障：+3分 调试中能准确描述电镀流水线的控制逻辑：+3分 工单书写规范：+2分 设备整理到位：+1分	
9		创新意识 （5分）	有创新设计并实现：+5分 有创新想法并勇于尝试但未成功：+3分 有创新想法并描述清楚：+2分	

多种液体混合控制系统设计与调试　任务工单

班级 _____　姓名 _____　实训台号 _____　操作时间 _____ 分钟

任务目标

知识目标	1. 了解 S7–1200 PLC 模拟量模块； 2. 掌握模拟量规范化指令、函数与函数块。
能力目标	1. 根据控制要求，正确绘制接线图； 2. 能正确选用适用指令，完成多液体混合控制系统程序设计； 3. 能根据控制要求，完成多种液体混合控制系统调试，并进行简单故障排查。
素质目标	1. 养成发现问题、分析问题、解决问题的良好习惯； 2. 培养发现规律、举一反三意识； 3. 提高文档撰写能力。

一、任务描述

对某自动生产线上的多种液体混合装置（图 7-1）进行系统设计，具体控制要求如下：

1）初始状态：容器为空，Y1 ～ Y4 电磁阀和搅拌机均为 OFF，液位传感器 S1 ～ S3 的指示灯均为 OFF。

2）起动运行：按下起动按钮，开始下列操作：电磁阀 Y1 闭合，开始注入液体 A，至液面高度为 S3 时，停止注入液体 A，同时闭合电磁阀 Y2 注入液体 B，当液面高度为 S2 时，停止注入液体 B，同时闭合电磁阀 Y3 注入液体 C，当液面高度为 S1 时，停止注入液体 C，开启搅拌机 M，搅拌混合时间为 10s；闭合电磁阀 Y4 放出混合液体，至液体高度降为 S3 后，再经 5s 停止放出。

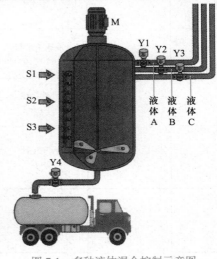

图 7-1　多种液体混合控制示意图

3）停止操作：按下停止按钮 SB2，电磁阀和搅拌机停止动作。

完成以上控制要求的多种液体混合控制系统设计与调试。

二、系统设计

本任务的重点是：理解模拟量模块各参数含义，正确选择控制指令进行程序设计；难点是：程序调用，并完成系统调试。为了保障系统设计顺利完成，请回答以下问题（见表 7-1）。

表 7-1　多种液体混合控制问题列表

	问	硬件组态需要选择哪个模拟量模块？
1	答	
2	问	模拟量输入信号是电压还是电流？
	答	

在此基础上，进行以下系统设计与调试。

1. 硬件选型（见表 7-2）

表 7-2 设备清单

序 号	设 备 名 称	型 号	数 量	备注（功能）
1				
2				
3				
4				
5				
6				
7				

2. I/O 分配（见表 7-3）

表 7-3 I/O 分配表

形 式	序 号	名 称	PLC 地址	备注
输入	1			
	2			
	3			
输出	1			
	2			
	3			
	4			
	5			
	6			
	7			
	8			

3. 系统接线图绘制（补充完整图 7-2）

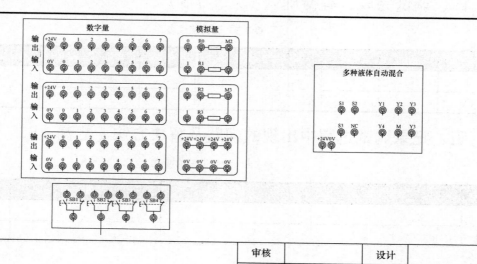

图 7-2 多种液体混合控制系统接线图

57

4. 程序设计

程序清单	注释

三、系统调试（见表 7-4）

表 7-4　程序调试表

当前状态	操作	预测结果	通过	失败	确认签字（执行人）
博途运行正常	硬件组态	无错误报告	☐	☐	
硬件组态完成	编译组态	无错误报告	☐	☐	
程序块正常	设计程序	无错误报告	☐	☐	
程序设计完成	编译程序	无错误报告	☐	☐	
项目编译成功	下载项目	出现下载窗口，数据下载正常	☐	☐	
CPU 运行正常	在线监控	无通信错误，能正常读取输入 / 输出点状态	☐	☐	
程序监控正常	按照工作过程给出输入条件	依照程序的逻辑分析输出信号正常	☐	☐	
程序输出正确	按控制要求观察	液体混合系统运行正常	☐	☐	

四、调试完成，等待确认（见表 7-5）

表 7-5　调试确认表

检查次数	成功	失败	确认签字（派单人）	检查次数	成功	失败	确认签字（派单人）
1	☐	☐		3	☐	☐	
2	☐	☐		4	☐	☐	

五、记录调试过程中出现的问题及解决方法（见表 7-6）

表 7-6　故障记录排查表

序号	故障现象	分析过程	故障处理	确认签字
1				
2				

六、任务实施过程中的收获与体会

七、任务考核与评价（见表 7-7）

表 7-7　任务考核与评价表

序号	考核项	考核点	评分标准	得分
1	系统设计	硬件选型（10分）	包含所有输入 / 输出设备：+5 分 正确描述各设备名称及功能：+3 分 有节约成本意识：+2 分	
2		I/O 设置（10分）	与"硬件选型"中的设备相一致：+2 分 与实际硬件相对应：+2 分 I/O 点不重复，有节约点数意识：+3 分 正确表述各 I/O 点：+3 分	
3		接线图绘制（10分）	依据规范正确标注导线颜色：+2 分 正确解释各种导线颜色的含义：+2 分 正确绘制导线：每根 +1 分，最高 +6 分	
4		硬件接线（10分）	正确识读接线图：+2 分 正确选择导线颜色：+2 分 依图正确连接导线：+6 分	
5		程序设计（20分）	正确使用变量表：+5 分 选择正确模拟量规范化指令：+2 分 指令参数设置正确：+3 分 子程序调用无误：+5 分 编译无误：+5 分	
6	系统调试	博途组态（10分）	与实际硬件一致：+2 分 硬件组态下载无误：+3 分 软件组态下载无误：+2 分 无误或能根据错误信息排除组态故障：+3 分	
7		系统调试（15分）	按照流程使用实验台，确保安全：+2 分 正确操作博途软件，应用调试功能：+2 分 按要求正确给出输入信号：+3 分 子程序调用无误：+3 分 主程序运行无误：+3 分 系统调试正常运行：+2 分	
8	素养与创新	职业素养（10分）	接线依照（企业）标准规定颜色：+1 分 能正确使用工具检测、排除故障：+3 分 调试中能准确描述模拟量处理在项目中的体现：+3 分 工单书写规范：+2 分 设备整理到位：+1 分	
9		创新意识（5分）	有创新设计并实现：+5 分 有创新想法并勇于尝试但未成功：+3 分 有创新想法并描述清楚：+2 分	

S7-1200 间的开放式通信　任务工单

班级 _____　姓名 _____　实训台号 _____　操作时间 _____ 分钟

任务目标

知识目标	1. 了解 PLC 之间常用的通信方式及其各自的特点和适用场合； 2. 在博途软件中完成通信连接的组态和参数设置，以及调用相关功能块完成程序编制。
能力目标	1. 能调用相关通信功能块并配置主要参数； 2. 能根据需要交互的数据规模和格式，创建数据块，并关联到发送/接收功能块； 3. 能在实训装置中完成物理网络的搭建，并能排除基础的网络故障。
素质目标	1. 养成团队协作的意识； 2. 培养有条理的工作意识。

一、任务描述

在一小型化工厂，原料罐区有 4 个不同体积的储料罐，分别存放丙烯等多种化学原料，为后续的化工反应过程提供原料，罐区由一个 S7-1214 的 PLC 系统进行控制。在主流程中有一个反应釜，负责进料→搅拌→温控→出料等流程，其中在进料环节，需要罐区按照要求输送指定种类和数量的原料过来，工艺流程示意图如图 8-1 所示。

说明：图 8-1 中有两个 S7-1200 PLC，分别是罐区 PLC 和反应釜 PLC，两者通过以太网连接。

二、系统设计

本任务的重点是：选择正确的通信功能块并配置相关参数；在反应釜 PLC 中编程实现顺序控制。难点是：对于 TSEND_C/TRCV_C 的通信

图 8-1　工艺流程示意图

配置、各个参数的理解以及发送/接收数据块的关联地址填写。首先完成任务分工（见表 8-1）。

表 8-1　任务分工

序　号	任务内容	负责人	备注（功能）
1	项目创建和硬件组态		
2	罐区 PLC 侧硬件安装接线		
3	反应釜 PLC 侧硬件安装接线		
4	通信程序编写		
5	反应釜顺序控制程序编写		
6	系统测试		

在此基础上，按以下步骤设计系统。

1. 硬件配置（见表 8-2 及表 8-3）

表 8-2　设备清单（罐区 PLC）

序号	设备名称	型号	数量	备注（功能）	序号	设备名称	型号	数量	备注（功能）
1					6				
2					7				
3					8				
4					9				
5					10				

表 8-3　设备清单（反应釜 PLC）

序号	设备名称	型号	数量	备注（功能）	序号	设备名称	型号	数量	备注（功能）
1					5				
2					6				
3					7				
4					8				

2. I/O 分配（见表 8-4 及表 8-5）

表 8-4　I/O 分配表（罐区 PLC）

形　式	序　号	名　称	PLC 地址	备注（所属模块及通道）
输入	1			
	2			
	3			
	4			
	5			
	6			
	7			
	8			
	9			
	10			
	11			
	12			
	13			
输出	1			
	2			
	3			
	4			
	5			
	6			

表 8-5　I/O 分配表（反应釜 PLC）

形　式	序　号	名　称	PLC 地址	备注（所属模块及通道）
输入	1			
	2			
	3			
	4			
	5			
	6			

3. 系统网络拓扑绘制

根据通信要求绘制系统网络拓扑（注意交换机所使用的端口，见图 8-2）。

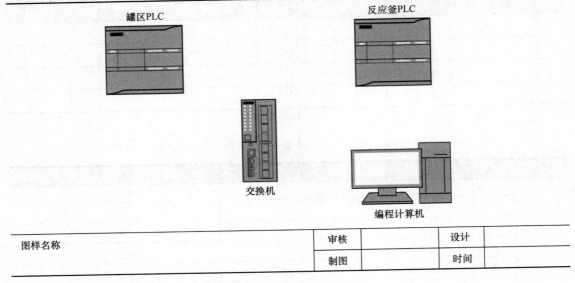

图样名称		审核		设计	
		制图		时间	

图 8-2　系统网络拓扑设计图

4. 程序设计（程序流程图也可，主要步骤要写清楚）

程序清单	注释

三、系统调试（见表 8-6）

表 8-6　程序调试表

当前状态	操作	预测结果	通过	失败	确认签字（执行人）
博途运行正常	硬件组态	无错误报告	☐	☐	
硬件组态完成	编译组态	无错误报告	☐	☐	
程序块正常	创建 DB 块，创建并设置通信功能块	参数配置正确	☐	☐	
程序设计完成	编译程序	无错误报告	☐	☐	
项目编译成功	下载项目	出现下载窗口，数据下载正常	☐	☐	
CPU 运行正常	在线监控	无通信错误，能正常读取输入/输出点状态	☐	☐	
程序监控正常	人为修改通信 DB 块中的数据	在对方 PLC 中能够看到相应变化	☐	☐	
两 PLC 通信正确	正常流程下启动反应釜的控制顺序	罐区相关阀门开启及下料时间正常	☐	☐	

四、调试完成，等待确认（见表 8-7）

表 8-7　调试确认表

检查次数	成功	失败	确认签字（派单人）	检查次数	成功	失败	确认签字（派单人）
1	☐	☐		3	☐	☐	
2	☐	☐		4	☐	☐	

五、记录调试过程中出现的问题及解决方法（见表 8-8）

表 8-8　故障记录排查表

序号	故障现象	分析过程	故障处理	确认签字
1				
2				
3				
4				

六、任务实施过程中的收获与体会

七、任务考核与评价（见表 8-9）

表 8-9　任务考核与评价表

序号	考核项	考核点	评分标准	得分
1	系统设计	硬件组态 （10分）	包含所有输入 / 输出设备：+5 分 正确描述各设备名称及功能：+3 分 有节约成本意识：+2 分	
2		I/O 设置 （10分）	与"硬件组态"中的设备相一致：+2 分 与实际硬件相对应：+2 分 I/O 点不重复，有节约点数意识：+3 分 正确表述各 I/O 点：+3 分	
3		网络拓扑绘制 （10分）	依据规范用正确的总线颜色来标注：+2 分 正确解释各条线缆中传输的数据：+2 分 简单描述交换机中各端口的设置情况：+6 分	
4		硬件接线 （10分）	系统电源连接正常合规：+2 分 网线连接与拓扑图一致：+2 分 I/O 接线正确合规：+6 分	
5		程序设计 （20分）	通信功能块调用正确且参数设置无误：+5 分 用于通信的数据 DB 块创建正确：+2 分 符号命名、子程序调用等正确：+3 分 反应釜顺序控制程序正确：+5 分 编译无误：+5 分	
6	系统调试	博途组态 （10分）	与实际硬件一致：+2 分 硬件组态下载无误：+3 分 软件组态下载无误：+2 分 无误或能根据错误信息排除组态故障：+3 分	
7		系统调试 （15分）	按照流程使用实验台，确保安全：+2 分 正确操作博途软件，应用调试功能：+2 分 反应釜 PLC 发送、罐区 PLC 接收通信测试正常：+3 分 罐区 PLC 发送、反应釜 PLC 接收通信测试正常：+3 分 反应釜顺序控制部分程序运行正常：+3 分 罐区出现报警时，程序应符合设计：+2 分	
8	素养与创新	职业素养 （10分）	接线依照（企业）标准规定颜色：+1 分 有明确的任务执行计划表、安排合理：+3 分 协作过程中尽职尽责，不拖延不推诿：+3 分 工单书写规范：+2 分 设备整理到位：+1 分	
9		创新意识 （5分）	有创新设计并实现：+5 分 有创新想法并勇于尝试但未成功：+3 分 有创新想法并描述清楚：+2 分	

控制系统的故障诊断　任务工单

班级 _____　姓名 _____　实训台号 _____　操作时间 _____ 分钟

▰▰▰ 任务目标

知识目标	1. 了解 PLC 常用的诊断方式； 2. 了解各类组织块的功能和不同优先级下的工作过程。
能力目标	1. 能够通过控制器模块上的 LED 指示灯的组合状态判断工作状态； 2. 能调用诊断组织块读取故障的基本信息； 3. 能读懂诊断缓冲区的信息。
素质目标	1. 培养严谨冷静的工作态度，遇到困难不急躁，理性应对； 2. 提升撰写文本能力； 3. 培养工程系统意识。

一、任务描述

PLC 的模拟量模块需要外部 24V 电源供电，但由于接线松动、断线、24V 电源故障等，可能导致模拟量模块出错。需要在程序中实现如下功能：

1）识别出有电源故障的模拟量的地址。

2）记录问题的状态、事件出现或事件消失。

3）记录最近一次事件的时间。

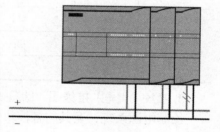

说明：图 8-3 所示硬件中需要使用到模拟量扩展模块，为了便于测试，模块供电 DC24V 正极上串联一个常开开关。

图 8-3　模块电源故障模拟示意图

二、系统设计

本任务的重点是：理解 OB82 的调用机制，尤其是故障发生/退出与诊断组织块的关联关系。难点是：掌握组织块的局部变量含义，并能结合特定故障说明其所包含的内容。建议先参考教材中的任务热身内容，理解诊断组织块的创建方式。任务分工见表 8-10。

表 8-10　任务分工

序　号	任务内容	负责人	备注（功能）
1	项目创建和硬件组态		
2	诊断组织块调用及内部编程		
3	模拟操作		
4	诊断缓冲区分析工作		

在此基础上，进行以下系统设计。

1. 硬件配置（见表 8-11）

表 8-11 设备清单

序　号	设 备 名 称	型　号	数　量	备注（功能）
1				
2				
3				
4				
5				
6				
7				

2. I/O 分配（见表 8-12，被测模块上配置的 I/O，便于观察程序中的变化）

表 8-12 I/O 分配表（被测模块上）

形　式	序　号	名　称	PLC 地址	备注（所属模块及通道）
输入	1			
	2			
	3			
输出	1			
	2			
	3			

3. 系统（供电）接线图（见图 8-4）

绘制电源系统，及其与各模块供电接线。

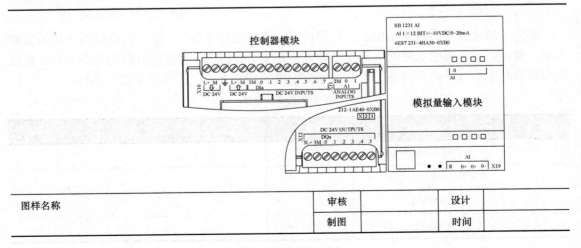

图 8-4 系统接线图

4. 程序设计（记录诊断组织块中的程序即可）

程序清单	注释

三、系统调试（见表 8-13）

表 8-13 程序调试表

当前状态	操作	预测结果	通过	失败	确认签字（执行人）
博途运行正常	硬件组态	无错误报告	☐	☐	
硬件组态完成	编译组态	无错误报告	☐	☐	
程序块正常	插入正确的诊断组织块并编写局部变量读取程序	读取和局部变量分析正确	☐	☐	
程序设计完成	编译程序	无错误报告	☐	☐	
项目编译成功	下载项目	出现下载窗口，数据下载正常	☐	☐	
CPU 运行正常	在线监控	无通信错误，能正常读取输入/输出点状态	☐	☐	
程序监控正常	模拟扩展模拟量模块 24V 电源故障	CPU 模块的 LED 指示灯改变	☐	☐	
故障已经发生	监控诊断组织块程序中输出的状态地址单元	能识别出故障发生时间、模块和错误代码等信息	☐	☐	

四、调试完成，等待确认（见表 8-14）

表 8-14 调试确认表

检查次数	成功	失败	确认签字（派单人）
1	☐	☐	
2	☐	☐	
3	☐	☐	
4	☐	☐	

五、记录调试过程中出现的问题及解决方法（见表 8-15）

表 8-15 故障记录排查表

序号	故障现象	分析过程	故障处理	确认签字
1				
2				
3				
4				

六、任务实施过程中的收获与体会

七、任务考核与评价（见表 8-16）

表 8-16　任务考核与评价表

序号	考核项	考核点	评分标准	得分
1	系统设计	硬件组态 （10 分）	包含所有输入 / 输出设备：+5 分 正确描述各设备名称及功能：+3 分 有节约成本意识：+2 分	
2		I/O 设置 （10 分）	与"硬件组态"中的设备相一致：+2 分 与实际硬件相对应：+2 分 I/O 点不重复，有节约点数意识：+3 分 正确表述各 I/O 点：+3 分	
3		系统接线图绘制 （10 分）	依据规范用正确的总线颜色来标注：+2 分 各个模块的供电端子连线正确：+2 分 从 24V 电源引出的供电端子排描绘正确：+6 分	
4		硬件接线 （10 分）	扩展模块与 CPU 模块连接正确：+2 分 各模块电源接线与图样一致：+2 分 接线符合安全要求，避免危险：+6 分	
5		程序设计 （20 分）	诊断组织功能块创建正确：+5 分 组织块局部变量数据分解程序正确：+5 分 考虑到组织块单次执行，程序分析结果有存储到其他单元：+5 分 编译无误：+5 分	
6	系统调试	博途组态 （10 分）	与实际硬件一致：+2 分 硬件组态下载无误：+3 分 软件组态下载无误：+2 分 无误或能根据错误信息排除组态故障：+3 分	
7		系统调试 （15 分）	按照流程使用实验台，确保安全：+2 分 正确操作博途软件，应用调试功能：+2 分 测试之前调整正确 PLC 内的时钟：+3 分 故障发生时能从 CPU 的诊断缓冲区中读取信息：+3 分 诊断组织块局部变量分解的结果符合实际情况：+5 分	
8	素养与创新	职业素养 （10 分）	接线依照（企业）标准规定颜色：+1 分 实验过程中异常情况要勤于记录和思考，学以致用：+3 分 操作过程能够严格遵循安全操作的要求：+3 分 工单书写规范：+2 分 设备整理到位：+1 分	
9		创新意识 （5 分）	有创新设计并实现：+5 分 有创新想法并勇于尝试但未成功：+3 分 有创新想法并描述清楚：+2 分	

储罐管理和混料控制系统设计与调试　任务工单

班级 _____　姓名 _____　实训台号 _____　操作时间 _____分钟

任务目标

知识目标	1. 综合运用基本指令、程序结构、PID、通信、模拟量处理等 PLC 应用技术； 2. 掌握 PID 功能块的调用和调试。
能力目标	1. 能够制作可行的项目进度安排； 2. 能熟练使用 PLC 之间的通信实现模拟量数据交互、时序逻辑控制等； 3. 能灵活运用子程序。
素质目标	1. 培养工程师逻辑思维，面向较复杂项目，分解任务，灵活运用现有知识解决实际需求； 2. 训练系统性思考的能力，能够对任务执行过程中的协调、困难等问题充分考虑； 3. 培养工作中相互配合、相互协助的职业道德。

一、任务描述

储罐管理和混料控制系统（图 9-1）。需要实现如下控制目标：

1）所有模拟量输入通道的换算与显示。

2）混料罐温度的 PID 控制。

3）与 T3011 所属的远程 PLC 进行通信。

4）混料罐搅拌器的定时起动运行。

5）液位和压力的高低限报警。

6）混液过程的流程控制。

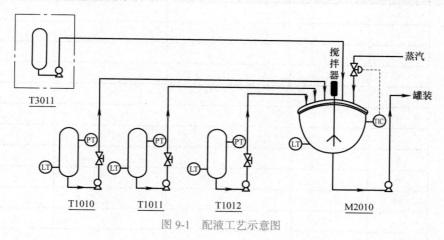

图 9-1　配液工艺示意图

说明：图 9-1 中的 T3011 罐为远端设备，单独配置有一个 S7-1200 PLC 控制。

二、系统设计

本任务是一个综合性应用，其中的重点是：按照项目管理的流程来组织相关工作，并能够融会贯通基本指令、模拟量处理、通信等内容。难点是：PID 功能块的使用以及参数整定。建议先充分消化理解教材中的任务热身内容。任务分工见表9-1。

表9-1 任务分工

序 号	任务内容	负责人	备注（功能）
1	项目创建和硬件组态		
2	硬件规划和物理连接		
3	程序逻辑编制		
4	通信功能设计与实现		
5	PID 调试整定		

在此基础上，按以下步骤设计系统。

1. 硬件配置（见表9-2）

表9-2 设备清单

序 号	设 备 名 称	型 号	数 量	备注（功能）
1				
2				
3				
4				
5				
6				

2. I/O 分配（见表9-3及表9-4）

表9-3 I/O 分配表

形 式	序 号	名 称	PLC 地址	备注（所属模块及通道）
输入	1			
	2			
	3			
	4			
	5			
	6			
	7			
	8			
	9			
	10			
	11			
	12			
	13			
	14			

（续）

形　式	序　号	名　称	PLC 地址	备注（所属模块及通道）
输出	1			
	2			
	3			
	4			
	5			
	6			
	7			

表 9-4　I/O 分配表（远端 T3011 罐）

形　式	序　号	名　称	PLC 地址	备注（所属模块及通道）
输入	1			
	2			
输出	1			
	2			

3. 系统框架图（见图 9-2）

需要描绘出 CPU、扩展信号模块、远端 CPU、编程计算机等角色。

图样名称		审核		设计	
		制图		时间	

图 9-2　系统框架图

4. 程序设计（按照顺序流程图的结构，设计配液过程的程序流程图）

程序清单	注释

三、系统调试（见表 9-5）

表 9-5 程序调试表

当前状态	操作	预测结果	通过	失败	确认签字（执行人）
博途运行正常	硬件组态	无错误报告	☐	☐	
硬件组态完成	编译组态	无错误报告	☐	☐	
程序块正常	模拟量处理子程序、PID 处理子程序、通信子程序、报警判断子程序编写	软件不报错，接口不出现红色警告	☐	☐	
程序设计完成	编译程序	无错误报告	☐	☐	
项目编译成功	下载项目	出现下载窗口，数据下载正常	☐	☐	
CPU 运行正常	在线监控	无通信错误，能正常读取输入/输出点状态	☐	☐	
程序监控正常	启动混液过程	混液泵输出正常，稳定设备阶梯式变化正常	☐	☐	
正常混液过程中	触发原料罐低液位报警	混液过程正常停止，且触发报警	☐	☐	

四、调试完成，等待确认（见表 9-6）

表 9-6 调试确认表

检查次数	成功	失败	确认签字（派单人）
1	☐	☐	
2	☐	☐	
3	☐	☐	
4	☐	☐	

五、记录调试过程中出现的问题及解决方法（见表 9-7）

表 9-7 故障记录排查表

序号	故障现象	分析过程	故障处理	确认签字
1				
2				
3				
4				

六、任务实施过程中的收获与体会

七、任务考核与评价（见表 9-8）

表 9-8　任务考核与评价表

序号	考核项	考核点	评分标准	得分
1	系统设计	硬件组态（10分）	包含所有输入 / 输出设备：+5 分 正确描述各设备名称及功能：+3 分 有节约成本意识：+2 分	
2		I/O 设置（10分）	与"硬件组态"中的设备相一致：+2 分 与实际硬件相对应：+2 分 I/O 点不重复，有节约点数意识：+3 分 正确表述各 I/O 点：+3 分	
3		系统框架图（10分）	层级清晰，有意识区分出组态软件、控制器、现场信号等层级：+2 分 各层连线的颜色符合规范：+2 分 能标注出不同角色相互之间的数据关系：+6 分	
4		硬件接线（10分）	两个 PLC 站模块连接正确：+2 分 网线连接与系统框架图一致：+2 分 I/O 连接与 I/O 设置表一致：+6 分	
5		程序设计（20分）	各子程序内部逻辑编写完备：+5 分 混液动作控制流程正确：+5 分 PID 及相关联模拟量数据处理正确：+5 分 编译无误：+5 分	
6	系统调试	博途组态（10分）	与实际硬件一致：+2 分 硬件组态下载无误：+3 分 软件组态下载无误：+2 分 无误或能根据错误信息排除组态故障：+3 分	
7		系统调试（15分）	按照流程使用实验台，确保安全：+2 分 正确操作博途软件，应用调试功能：+2 分 两个 PLC 之间的通信正常：+3 分 PID 的手 / 自动切换正常，自动模式下 PID 计算正常：+3 分 在无报警的情况下，混液过程能顺利完成：+5 分	
8	素养与创新	职业素养（10分）	框架图绘制符合规范：+1 分 任务过程中有计划可依，且计划进度动态更新：+3 分 操作过程能够严格遵循安全操作的要求：+3 分 工单书写规范：+2 分 设备整理到位：+1 分	
9		创新意识（5分）	有创新设计并实现：+5 分 有创新想法并勇于尝试但未成功：+3 分 有创新想法并描述清楚：+2 分	